ゼロからはじめる

Google Pixel 9 スマートガイド

グーグル ピクセル

9 | 9 Pro | 9 Pro XL

docomo au SoftBank SIMフリー

技術評論社編集部 著

技術評論社

CONTENTS

Chapter 1

Google Pixelの基本技

Chapter 2

WebとGoogleアカウントの便利技

Chapter 3
写真や動画、音楽の便利技

CONTENTS

Chapter 5
Pixelをさらに使いこなす活用技

ご注意：ご購入・ご利用の前に必ずお読みください

●本書に記載した内容は、情報の提供のみを目的としています。したがって、本書を用いた運用は、必ずお客様自身の責任と判断によって行ってください。これらの情報の運用の結果について、技術評論社および著者、アプリの開発者はいかなる責任も負いません。

●本書は、Google Pixel9を用いて、Android 15の初期設定状態で動作を確認しています。ご利用時には、一部の説明や画面が異なることがあります。特に、旧バージョンからAndroid 15にアップデートした場合や、ほかのスマホからデータをコピーした場合は、以前の設定が引き継がれるので、初期設定状態とは異なります。

●本書はダークモードをオフにした画面で解説しています。ダークモードについてはP.29を参照してください。

●ソフトウェアに関する記述は、特に断りのない限り、2024年10月現在での最新バージョンをもとにしています。ソフトウェアはバージョンアップされる場合があり、本書での説明とは機能内容や画面図などが異なってしまうこともあり得ます。あらかじめご了承ください。

●インターネットの情報については、URLや画面などが変更されている可能性があります。ご注意ください。

以上の注意事項をご承諾いただいたうえで、本書をご利用願います。これらの注意事項をお読みいただかずに、お問い合わせいただいても、技術評論社は対処しかねます。あらかじめ、ご了承ください。

Google Pixelの
基本技

OS・Hardware

Google Pixel 9シリーズ

Pixelは、Androidを開発しているGoogle社が販売しているスマートフォンです。ソフトウェアの提供元がハードウェアを開発しているので、双方の親和性が高いのが特徴です。最新のAIテクノロジーを利用したさまざまなGoogleサービスを、他社のスマートフォンに先駆けて利用することができます。2024年8～9月に発売されたPixel 9／9 Pro／9 Pro XLには、Google社が開発したチップ「Tensor」の4代目である「Tensor G4」が搭載されています。これにより、GoogleのAI機能がさらに進化し、写真の編集機能やカメラの機能、デジタルアシスタント、セキュリティ機能などにその効力を発揮しています。セキュリティとOSのアップデートが7年間提供される点も、Pixelの利点です。Androidの最新バージョン「15」は、最適な改良と生産性の向上を行い、より滑らかなパフォーマンスを提供します。

Pixel 9／9 Pro／9 Pro XLの比較

	Pixel 9	Pixel 9 Pro	Pixel 9 Pro XL
重量	198g	199g	221g
ディスプレイ	6.3インチ、 60～120Hz、FHD+	6.3インチ、 1～120Hz、QHD	6.8インチ、 1～120Hz、QHD
プロセッサ	Google Tensor G4	Google Tensor G4	Google Tensor G4
メモリ	12GB	16GB	16GB
ストレージ	128GB/256GB	128GB/256GB/ 512GB	128GB/256GB/ 512GB
充電	最大27W	最大27W	最大37W
ワイヤレス充電	最大15W	最大21W	最大23W
バッテリー容量	4,700mAh	4,700mAh	5,060mAh
背面カメラ	50MP+48MP	50MP+48MP+ 48MP	50MP+48MP+ 48MP
前面カメラ	10.5MP	42MP	42MP
生体認証	指紋認証、顔認証	指紋認証、顔認証	指紋認証、顔認証

TIPS　温度センサー

Pixel 9 Pro／9 Pro XLの背面には、温度センサーが備わっています。「温度計」アプリを起動し、画面の指示に従って対象物を近づけると、物体の温度を測定できます。欧米など一部の地域では、人間の体温を測定することも可能です。

ホーム画面

ホーム画面は、アプリや機能などにアクセスしやすいように、ウイジェットやステータスバー、ドックなどで構成されています。まずはホーム画面の各部を確認しておきましょう。

Section 003

OS • Hardware

ロック画面とスリープ状態

Pixel 9の起動中に電源ボタンを押すと、画面が消灯してスリープ状態になります。スリープ状態で電源ボタンを押すと、ロック画面になります。
ロック画面で、生体認証やPINの入力など、画面ロック解除の操作（Sec.137 ～ 138参照）を行うと起動します。

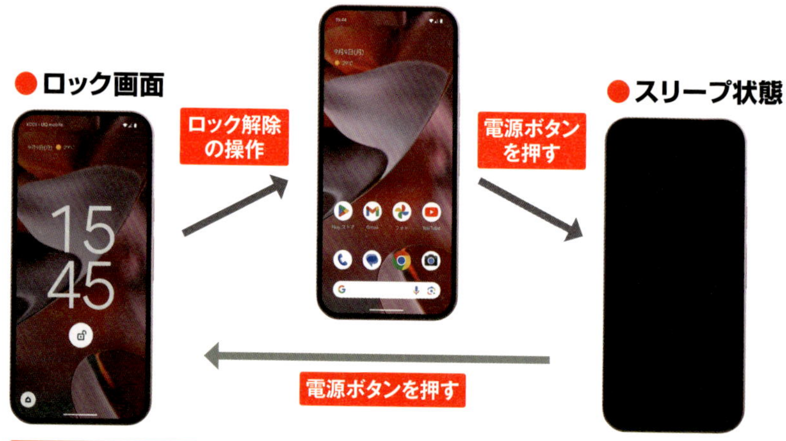

ロック画面には、時刻、スナップショット、通知、Homeやカメラなどのショートカットが表示されます。通知がないときには時刻の文字が大きく表示されます。プライベートな通知を非表示にしたり、すべての通知を非表示にすることもできます（Sec.128参照）。

スリープ状態では画面が消灯していますが、画面をタップしたり、本体を持ち上げたりすると、時刻や通知を確認することができます（Sec.129TIPS参照）。スリープ状態の黒い画面に、常に時刻や通知を表示することもできますが、バッテリーの消費が多くなります（Sec.130参照）。

MEMO 画面が消灯するまでの時間を設定する

Pixel 9を操作せずに指定した時間が経過すると、自動的に画面が消灯してスリープ状態に移行します。「設定」アプリを起動して［ディスプレイとタップ］→［画面消灯］の順にタップし、15秒～30分の時間を選択します。

Section 004

OS・Hardware

Pixelの基本操作

Android 10以降では、従来のAndroidにあった画面下部のナビゲーションボタンがなくなり、基本操作がジェスチャーに変わりました。“ホームに戻る”、“戻る／閉じる”、“アプリの履歴を見る”などの操作は画面のスワイプで行います。

●ホームに戻る

アプリを開いた状態で、画面下部から上にスワイプすると、アプリが閉じてホーム画面に戻ります。

●戻る／閉じる

左または右の画面端から中心に向かってスワイプすると、直前の画面に戻ったり、開いていたアプリが閉じたりします。たとえば、Chromeでは、この操作で前のページに戻ります。

●アプリを切り替える

画面下部を左右にスワイプすると、最近使ったアプリに次々に切り替わります。開いているアプリの確認や、アプリを終了する操作は、Sec.013を参照。

MEMO　ナビゲーションボタンを表示する

「設定」アプリを起動し、[システム]→[ナビゲーションモード]の順にタップし、[3ボタンナビゲーション]をオンにすると、従来のナビゲーションボタンを使うことができます。

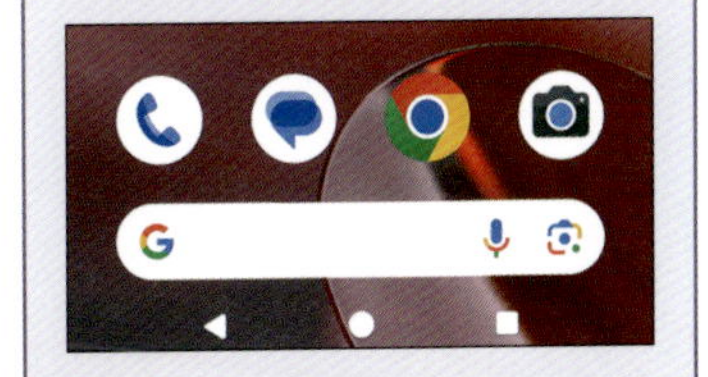

Section 005

電源ボタン／音量ボタンの操作

OS • Hardware

ホーム画面やアプリを表示した状態で電源ボタンを押すと、画面が消灯してスリープ状態になります。電源を切る、再起動などの操作は電源メニューを表示して行います。

電源を切る

電源ボタンと音量ボタンの上を押して、電源メニューの［電源を切る］をタップします。

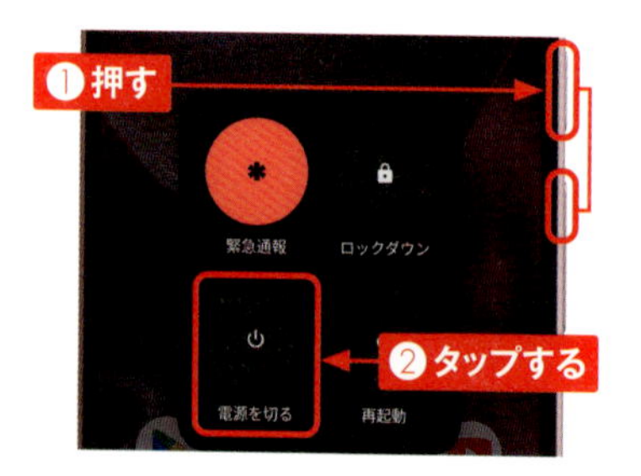

［ロックダウン］
→生体認証を利用できないロック画面になります。
［緊急通報］
→次の画面から、ワンタップで警察や消防に発信できます。
［再起動］
→Pixelを再起動します。

MEMO マナーモードの切り替え

右の手順1の画面で、音量スライダーの上のをタップすると、マナーモードを切り替えることができます。

音量ボタンの操作

1 音量ボタンを押すと、音量のスライダーが表示されます。をタップします。

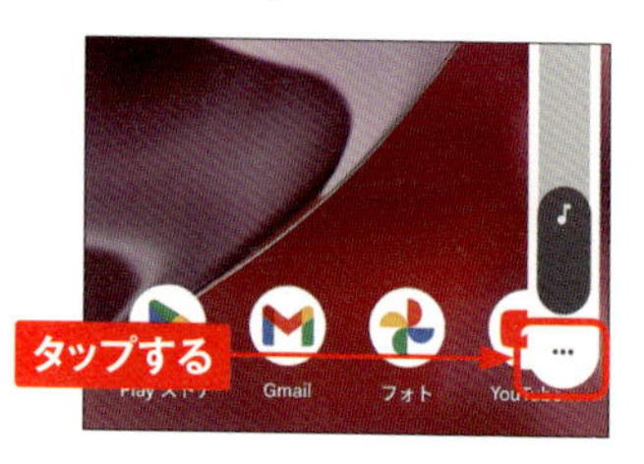

2 画面下部にメニューが表示されて、メディア、通話、着信音と通知、アラームの音量を調節することができます。［設定］をタップすると「設定」アプリが起動し、音やバイブレーションに関する設定を行うことができます。

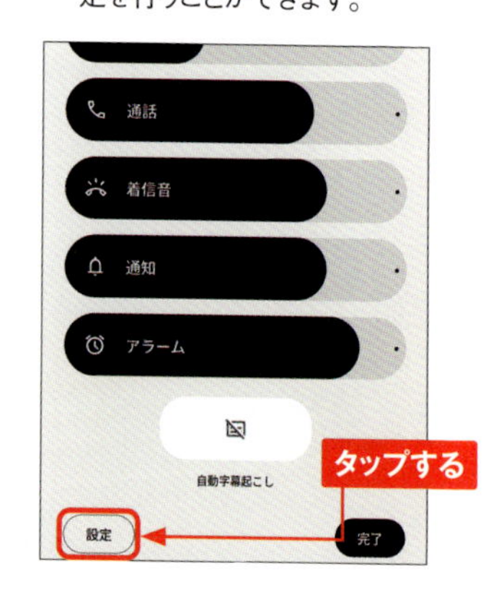

電源ボタンの操作

Geminiを起動する

電源ボタンを長押しすると、Geminiが起動します（Sec.084参照）。P.18手順3の画面で、[電源ボタンを長押し］をオフにすると、電源メニューが表示されるようになります。

カメラを起動する

電源ボタンをすばやく2回押すと、「カメラ」アプリが起動します（Sec.050参照）。

緊急SOS

電源ボタンをすばやく5回以上押すと、緊急SOSモード（Sec.136参照）になります。サイレンの鳴動、110番通報、緊急連絡先への位置情報共有、動画の自動撮影が同時に行われます。
※即座に110番通報されるので試しに操作しないでください。

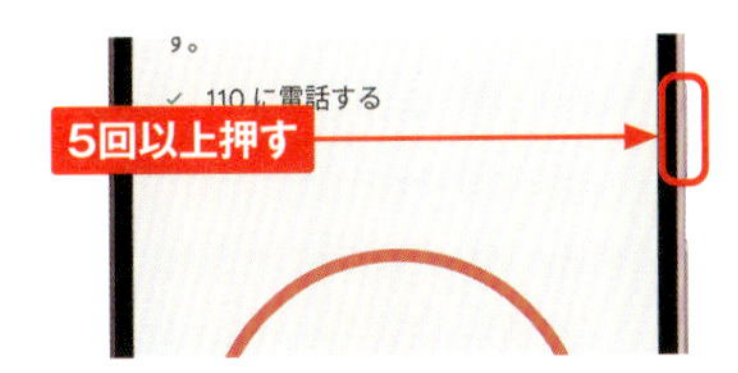

スクリーンショットを撮る

電源ボタンと音量ボタンの下を同時に押すと、画面のスクリーンショットを撮ることができます（Sec.028参照）。

TIPS 強制再起動

Pixel 9が動かない、画面がフリーズしてしまった、といった場合は、電源ボタンと音量ボタンの上を同時に10秒以上長押しすると、画面が暗くなり強制的に再起動されます。

1

Section 006

情報を確認する

OS • Hardware

画面上部に表示されるステータスバーには、通知アイコンとステータスアイコンが表示されます。Pixel 9のシステムやアプリに新しい情報があったときに“通知”が届き、未読の通知がある場合に通知アイコンが表示されます。ステータスアイコンからは、Pixel 9の状態を確認することができます。ステータスアイコンの項目の一部はクイック設定にも表示されます。

ステータスバーの見方

不在着信や新着メール、実行中の作業などを通知するアイコンです。

電波状態やバッテリー残量、マナーモード設定など、Pixel 9の状態を表すアイコンです。

主な通知アイコン	
	不在着信あり
	新着メッセージあり
	新着Gmailあり
	Googleニュースからの通知あり
	Google Playからアップデートなどの通知あり
	データを受信／ダウンロード
	予定の表示
	Googleからの通知あり

主なステータスアイコン	
	モバイルネットワークの電波状態
	Wi-Fiネットワーク接続中
	Bluetooth接続中
	電池残量
	充電中
	位置情報使用中
	サイレントモード

通知を確認する

1 通知を確認したいときは、画面を下方向にスワイプします。

2 通知パネルが表示されます。通知（ここでは「電話」アプリの通知）をタップします。

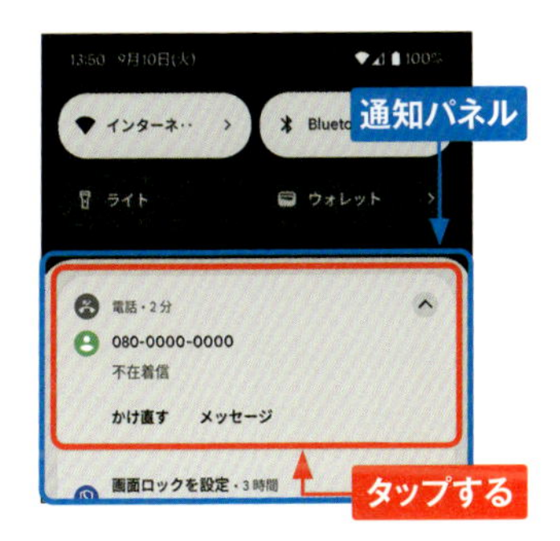

3 「電話」アプリが起動して、メッセージを確認することができます。

MEMO 通知を削除する

手順2の画面で通知を左右にフリックすると個別に削除でき、[すべて消去] をタップするとまとめて削除できます。画面を上方向にスワイプすると、通知パネルが閉じます。

TIPS 通知の許可

新しいアプリや機能を起動するタイミングで、そのアプリからの通知を許可するかどうかの確認画面が表示されます。「許可しない」にした場合でも、後から設定を見直すことができます（Sec.124参照）。

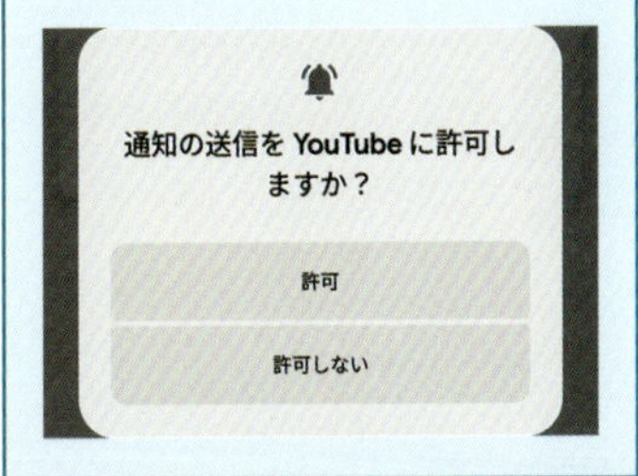

1

Section 007

OS • Hardware

クイック設定を利用する

クイック設定をタップしてPixel 9の主要な機能のオン／オフを切り替えたり、設定を変更したりすることができます。「設定」アプリよりもすばやく使うことができる上に、オン／オフの状態をひと目で確認することができます。クイック設定は、ロック画面からも表示可能です。

クイック設定を表示する

1 画面を下方向にスワイプすると、クイック設定が開き、タイルが4個表示されます。タイルをタップすると、機能のオン／オフを切り替えることができます。

2 さらに画面を下方向にスワイプすると、クイック設定の表示エリアが拡大して、タイルが8個表示されます。

MEMO クイック設定のそのほかの機能

クイック設定に配置されているタイルを長押しすると、「設定」アプリの該当項目が表示されて、詳細な設定を行うことができます。手順2の画面で、右下の⚙をタップすると、「設定」アプリを開くことができます。また、画面上部のスライダーを左右にドラッグすると、画面の明るさを調節することができます。

クイック設定を編集する

クイック設定のタイルは編集して並び替えることができます。よく使う機能のタイルを上位に配置して使いやすくしましょう。また、非表示になっているタイルを追加したり、あまり使わないタイルを非表示にすることもできます。

1 P.16手順**2**の画面を左にスワイプします。

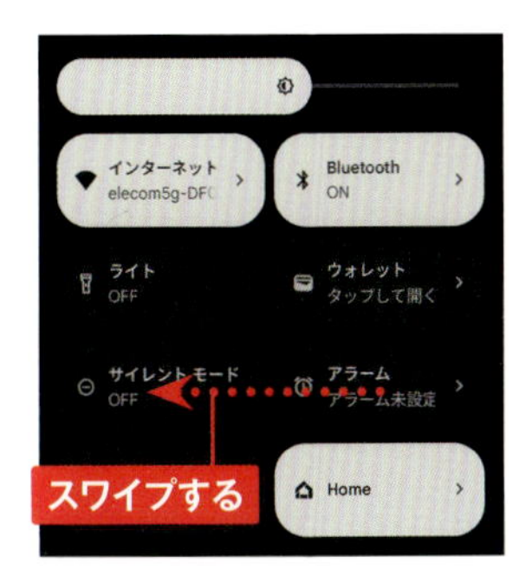

2 次のページに移動してほかのタイルが表示されます。✎をタップすると、編集モードになります。

3 編集モード中にタイルを長押ししてドラッグすると、並び替えることができます。

4 画面の下部には非表示のタイルがあります。タイルを長押しして上部にドラッグすると、クイック設定に追加することができます。

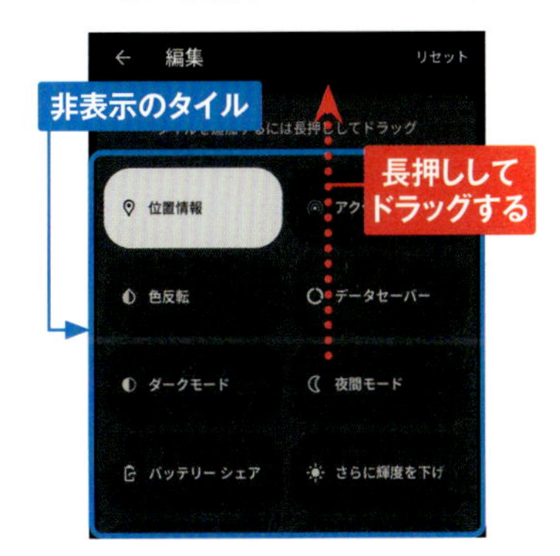

MEMO タイルの配置を元に戻す

編集モードで、右上の[リセット]をタップすると、タイルの配置を初期状態に戻すことができます。

ジェスチャーで操作する

Pixel 9には、画面のタッチ操作以外に、本体を触れて操作するジェスチャーが用意されています。背面を2回タップして操作を行うクイックタップ、手首を2回ひねってカメラの前後を切り替える、画面を下に伏せてサイレントモードにするなどのジェスチャーが用意されています。

1 P.23を参考にすべてのアプリ画面を表示し、[設定] → [システム] の順にタップします。

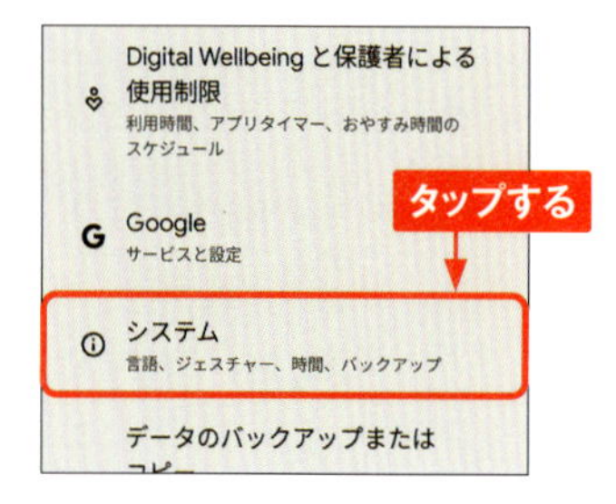

2 [ジェスチャー] をタップします。

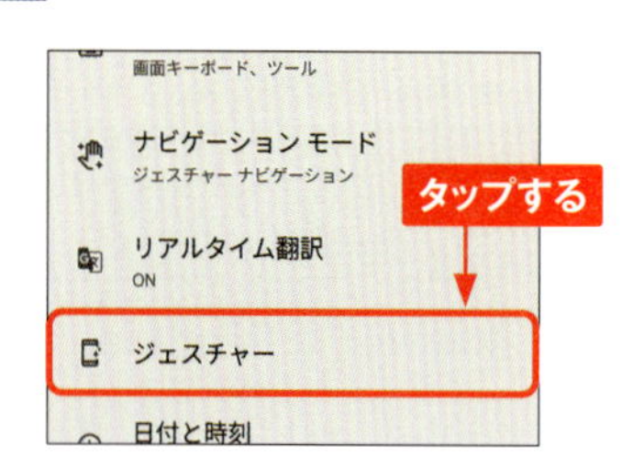

3 有効にしたいジェスチャー（ここでは [クイックタップでアクションを開始]）をタップします。

4 [クイックタップを使用] をタップしてオンにし、実行するアクションを選びます。

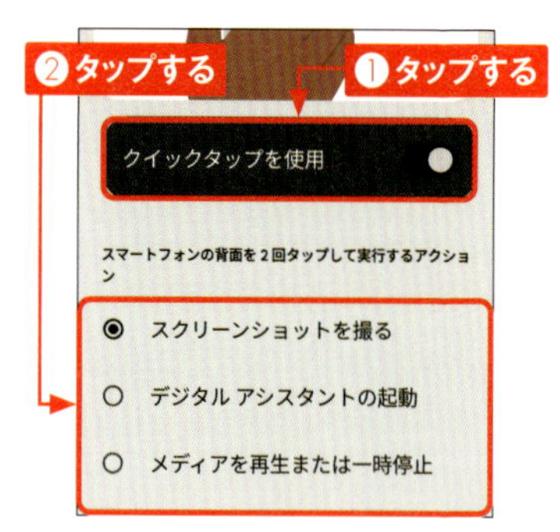

MEMO 片手モード

手順3の画面で [片手モード] をオンにして、画面最下部を下方向にスワイプすると、画面上半分が下がって表示されます。画面上部の表示に親指が届いて、片手で操作しやすくなります。

Section 009

OS • Hardware

アプリアイコンを操作する

アプリアイコンのメニューを使うと、関連機能をすばやく操作することができます。メニューはアプリによって異なります。たとえばChromeでは、新しいタブやシークレットタブを開くことができ、「電話」アプリでは、よく使う連絡先をすばやく開いたり、新しい連絡先を追加したりすることができます。

1 メニューを表示したいアプリアイコンを長押しします。

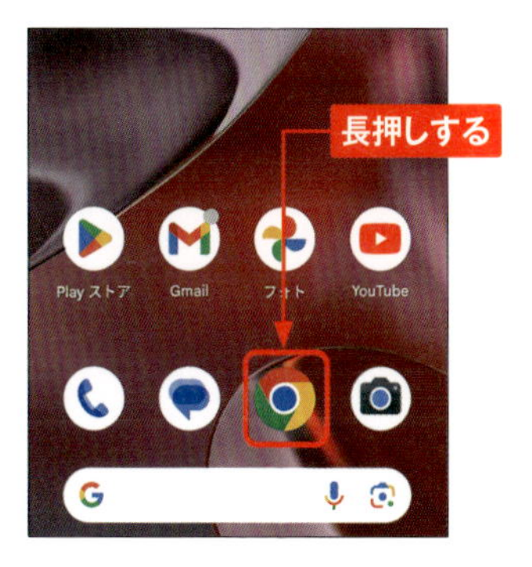

2 メニューが表示されたら、操作候補をタップします。

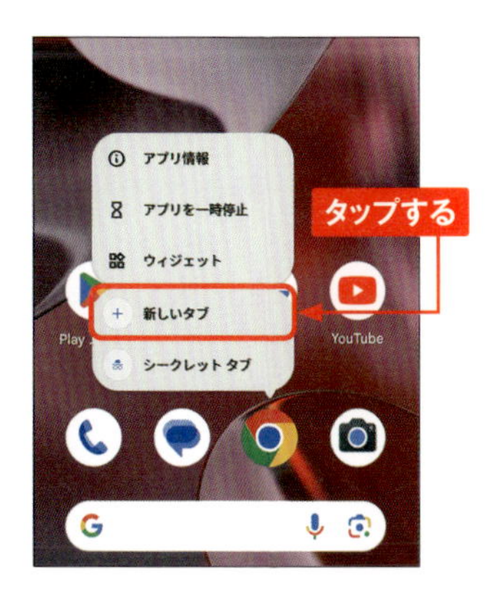

3 手順**2**でタップした操作が実行されます。

TIPS アプリを強制停止する

挙動がおかしくなったアプリや反応しなくなったアプリは、強制停止してから再び起動すると動作が改善されます。アプリを強制停止するには、アプリアイコンを長押ししたメニューで［アプリ情報］をタップし、［強制停止］→［OK］の順にタップします。

OS • Hardware

アプリアイコンを整理する

標準でインストールされているアプリのアイコンは、ホーム画面に表示されていません。「すべてのアプリ」画面からアイコンをホーム画面に追加することができます。また、アイコンをホーム画面の右端にドラッグすると、ホーム画面のページを増やすことができます。

アプリアイコンをホーム画面に追加する

1 P.23を参考に「すべてのアプリ」画面を表示します。ホーム画面に追加したいアプリアイコンを長押しし、画面上部までドラッグします。

2 ホーム画面に切り替わったら、そのまま追加したい場所までドラッグします。

3 ホーム画面にアプリアイコンが追加されます。

MEMO アイコンを削除する／アプリをアンインストールする

アプリアイコンをホーム画面から削除するには、アイコンを長押しして画面上部の［削除］までドラッグします。［アンインストール］までドラッグすると、アプリがアンインストールされます。

アプリアイコンをフォルダにまとめる

1 ホーム画面でアプリアイコンを長押しし、フォルダにまとめたい別のアプリアイコンまでドラッグします。

2 フォルダが作成されます。フォルダをタップします。

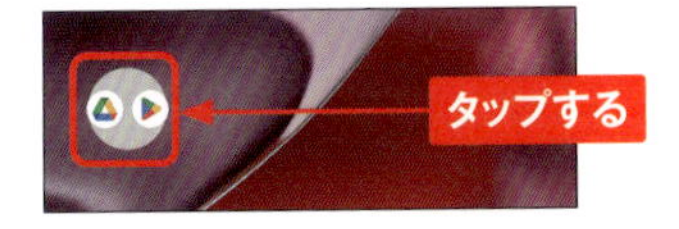

3 フォルダが開きます。フォルダ名を設定するには、[名前の編集]をタップします。

4 フォルダ名を入力します。

TIPS ショートカットを追加する

ホーム画面には、「連絡帳」アプリの連絡先や、Chromeで表示中のWebページなどのショートカットをウィジェットとして追加することもできます。連絡先のショートカットを追加する場合は、連絡先を表示した状態で、⋮→[ホーム画面に追加]→[ホーム画面に追加]の順にタップして追加します。

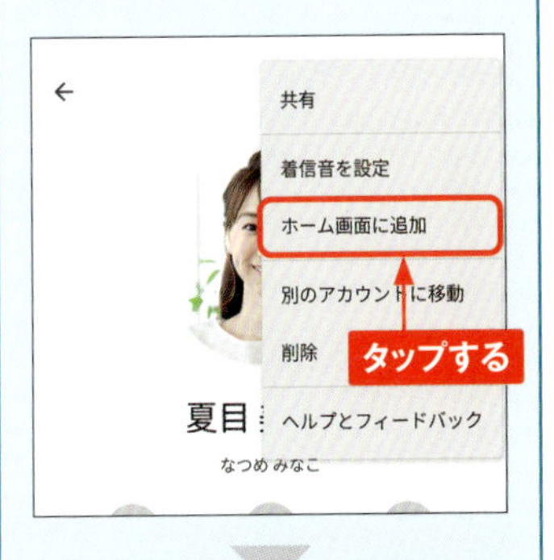

Section 011

OS • Hardware

ドックにアプリの候補を表示する

ホーム画面下部のドックには、好みのアプリのアイコンを固定表示したり、最近使ったアプリのアイコンを表示することができます。固定表示する場合は、アイコンをすべてのアプリ画面やホーム画面から、ドックにドラッグして配置します。アプリの候補を表示する場合は、下記の手順で行います。

1 ホーム画面を長押しして、[ホームの設定]をタップします。

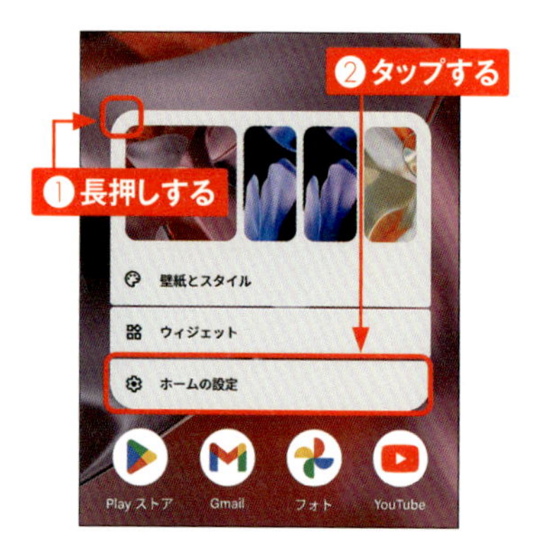

2 [候補]をタップし、次の画面で[ホーム画面上に候補を表示]をタップしてオンにします。

3 [アプリの候補を利用]をタップします。

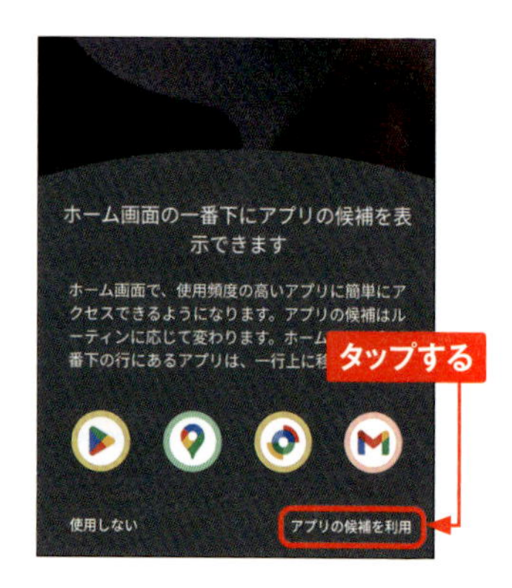

4 周りに緑がついたアプリアイコンがドックに表示されます。新しくアプリを開くたびに左から順にアイコンが替わります。

Section 012

OS • Hardware

すべてのアプリを表示する

ホーム画面にアイコンを配置していないアプリは、「すべてのアプリ」画面から操作します。インストールしているアプリが多いときには、「すべてのアプリ」画面上部の検索ボックスから見つけることができます。また、連絡先や設定項目なども検索することができます。上段に表示されるよく使うアプリの候補は、ホーム画面のドック（アプリの候補）とは異なったものが表示されます。

1 ホーム画面を上方向にスワイプします。「すべてのアプリ」画面が表示されます。

2 検索ボックスにアプリ名を入力すると、操作候補が表示され、タップしてすぐに実行することができます。

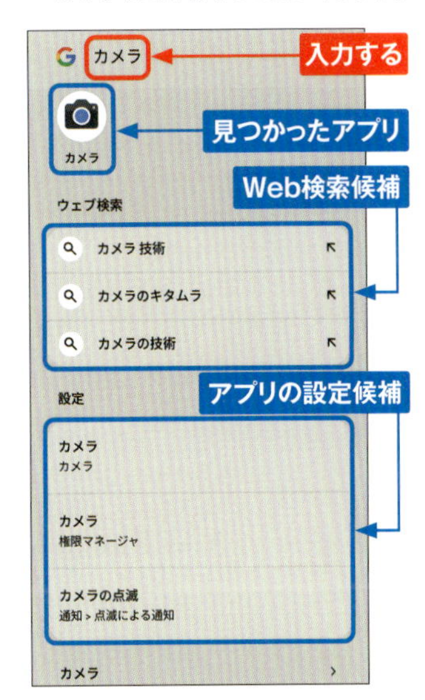

TIPS Pixel 9内だけを検索する

「すべてのアプリ」画面の検索ボックスでは、通常のGoogle検索と同様にWeb検索の候補も表示されます。Pixel 9内のアプリや連絡先だけを対象に検索を行いたい場合は、検索ボックスをタップして⚙→［ウェブ検索］をタップしてオフにします。

Section 013

OS • Hardware

開いているアプリを確認する

現在開いているアプリ（履歴）を確認して切り替えたり、終了したりする場合は次の手順で行います。なお、バックグラウンドのアプリはシステムで適正に管理されていて、利用していないものは自動的に閉じられるので、通常は手動でアプリを終了する必要はないとされています。

1 アプリの画面やホーム画面で、画面下端から上方向にスワイプして、途中で長押しします。

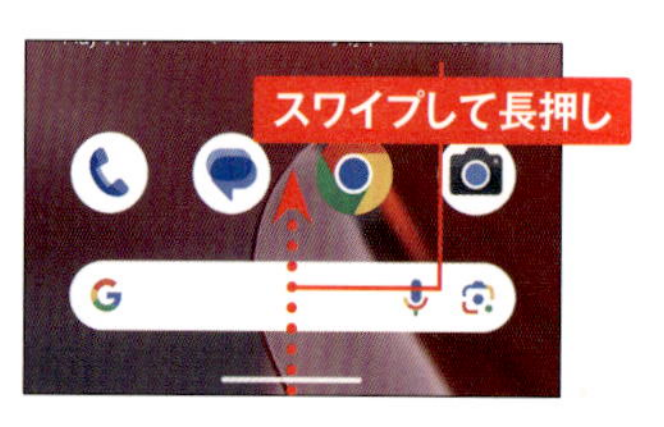

2 開いているアプリが表示されるので、左右にスワイプして確認します。アプリをタップすると切り替えることができます。

3 履歴からアプリを終了するには、上方向にスワイプします。

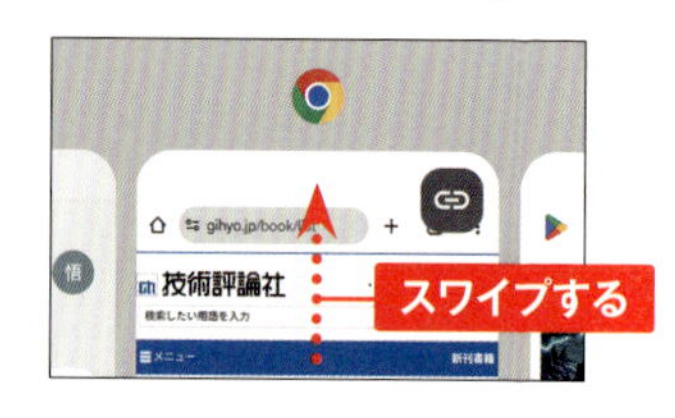

4 アプリの一番左端にある［すべてクリア］をタップすると、すべてのアプリが終了します。

TIPS リンクや画像をコピーする

アプリにリンクや画像などが含まれる場合は、履歴を表示すると手順2、3の画面のように、アプリ上に▣や⊖といったアイコンが表示されます。このアイコンをタップして、リンクや画像をコピーしたり共有したりすることができます。

Section 014

OS • Hardware

2つのアプリを同時に表示する

画面を上下に分割表示して、2つのアプリを同時に操作することができます。たとえば、Webページで調べた地名をマップで見たり、メールの文面をコピペして別の文書に保存したりといった使い方ができます。

1 P.24手順**2**の画面で、アプリ上部のアイコンをタップします。

2 ［分割画面］をタップします。

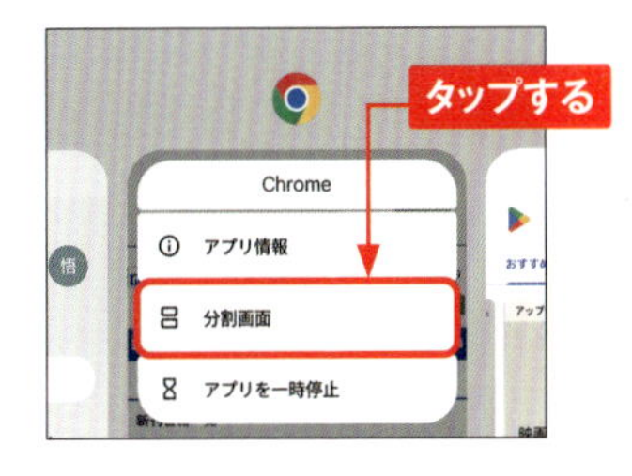

3 左右にスワイプして、2つ目のアプリを選んでタップします。

4 2つのアプリが画面上下に分割表示されます。分割バーを上下にドラッグすると、アプリの表示の比率を変えることができます。単独表示に戻すには、バーを画面の一番上または下までドラッグします。

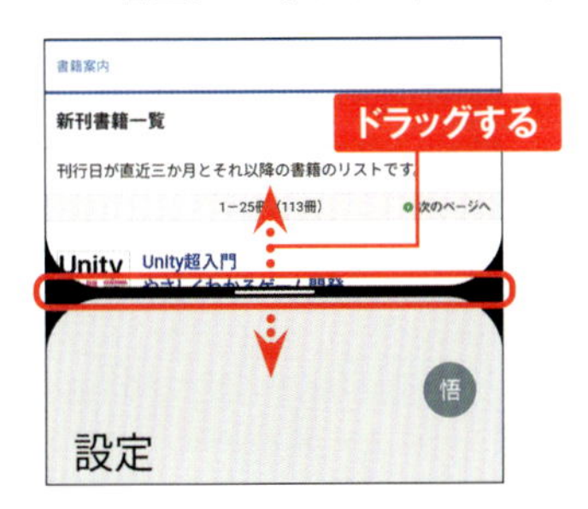

TIPS **ペア設定を保存する**

Pixel 9 Pro XLでは、画面を分割して表示したアプリのペア設定を保存できます。P.24手順**2**の画面で分割表示した画面の上部のアイコンをタップし、［アプリのペア設定を保存］をタップします。ホーム画面にペア設定アイコンが作成され、次回からそのアイコンをタップするだけで、2つのアプリが同時に表示されます。

1

Section 015

OS • Hardware

ウィジェットを利用する

ウィジェットとは、アプリの一部の機能をホーム画面上に表示するものです。ウィジェットを使うことで、情報の確認やアプリの起動をかんたんに行うことができます。利用できるウィジェットは、対応するアプリをインストールして追加することができます。

1

1 ホーム画面を長押しし、[ウィジェット]をタップします。

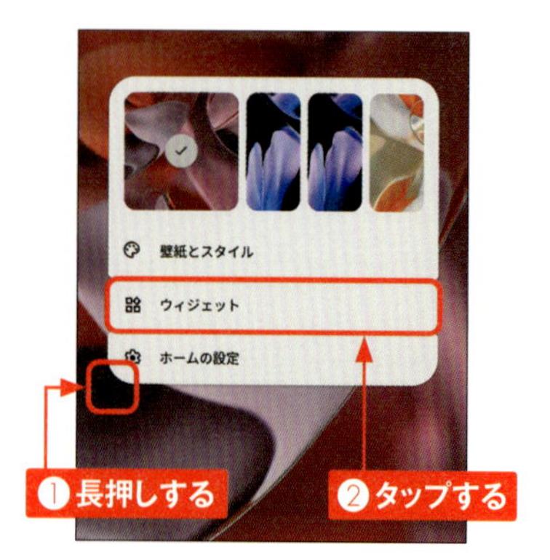

2 利用できるウィジェットが一覧表示されるので、追加したいウィジェットを長押しして画面上部にドラッグします。

3 ホーム画面に切り替わったら、そのまま追加したい場所までドラッグします。

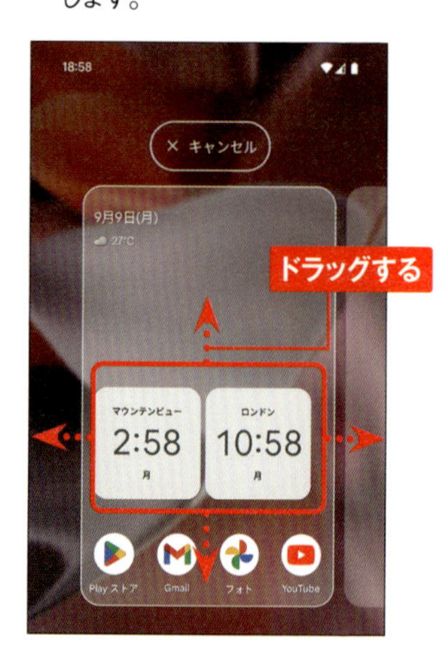

MEMO ウィジェットをカスタマイズする

ウィジェットの中には、長押しして上下左右のハンドルをドラッグすると、サイズを変更できるものがあります。また、ウィジェットを長押ししてドラッグすると移動でき、ホーム画面上部の[削除]までドラッグすると削除できます。

Section 016

OS • Hardware

スナップショットを設定する

ホーム画面とロック画面に表示されているウィジェット スナップショットには、日時のほか、現在地の天気やGoogleカレンダーの予定など、アシスタントから取得した情報を表示することができます。なおスナップショットは、非表示にしたり表示位置を変えたりすることはできません。

1 スナップショットを長押しして［カスタマイズ］をタップします。

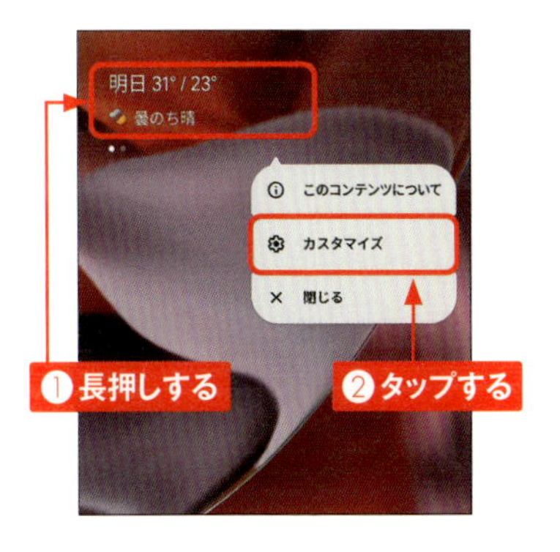

2 「スナップショット」の⚙をタップします。

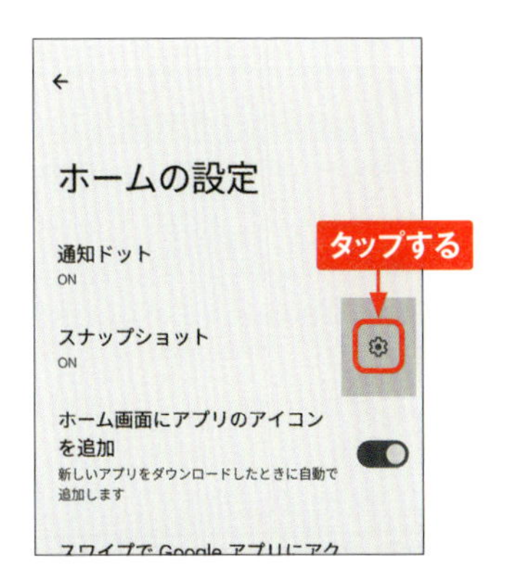

3 スナップショットの設定画面が表示されます。

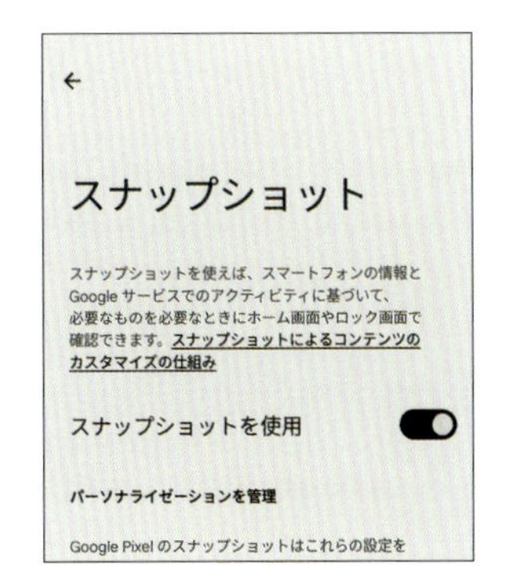

4 画面を下方向にスクロールして、「カスタマイズ」から、イベント、気象アラート、リマインダーなど、スナップショットに表示したいものを選んでオンにします。

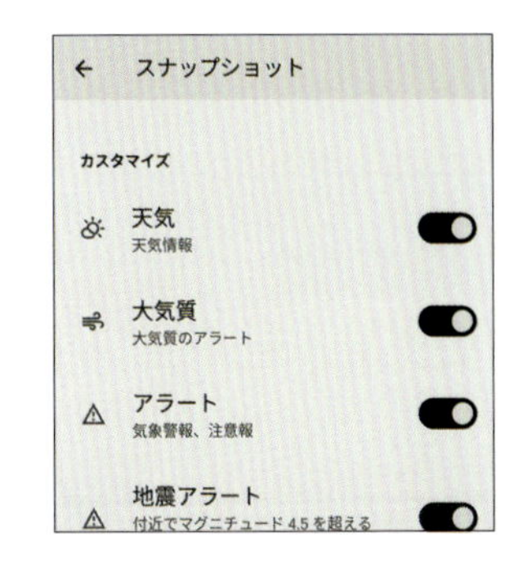

Section 017

Google検索ウィジェットを利用する

「Google」アプリ

ホーム画面の下部に固定されているGoogle検索ウィジェットから、Web検索やインストールしているアプリを探すことができます。また「マイク」アイコンから音声検索や曲の検索（Sec.076参照）が、「カメラ」アイコンからGoogleレンズ（Sec.037～039参照）を起動できます。なお、Google検索ウィジェットは、非表示にしたり表示位置を変えたりすることはできません。

1

1 ホーム画面でGoogle検索ウィジェットをタップします。なお、🎙をタップすると音声検索が、📷をタップするとGoogleレンズが起動します。

2 検索欄に検索語を入力します。該当するアプリがある場合はアプリが表示されます。Web検索するには🔍をタップします。

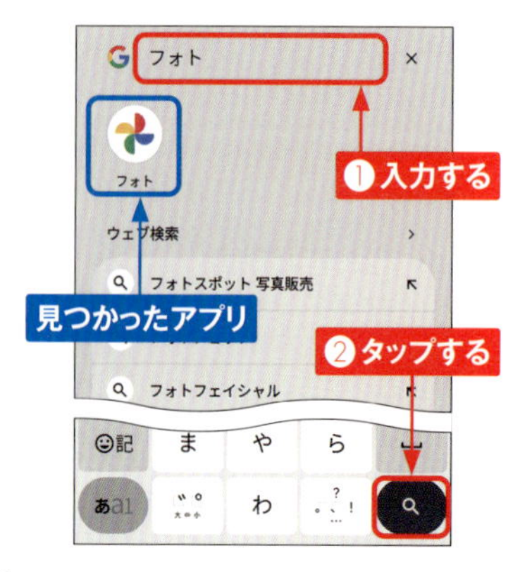

3 「Google」アプリ（Sec.034参照）が起動して、Web検索の結果が表示されます。

MEMO 検索履歴を利用する

Google検索ウィジェットには、手順**2**の画面のように検索した履歴や候補が表示されます。同じキーワードで検索したい場合は履歴をタップします。履歴を削除する場合は、長押しして［削除］をタップします。

Section 018

ダークモードを変更する

「設定」アプリ

ダークモードは、黒が基調の画面表示です。バッテリー消費を抑えられる上に、発光量が少ないので目にもやさしくなります。オンにすると、対応しているアプリにも自動的にダークモードが適用されます。また、Pixelシリーズではデフォルトでダークモードに設定されていますが、本書はオフにした状態で解説しています。

1 「設定」アプリを起動し、[ディスプレイとタップ] をタップします。

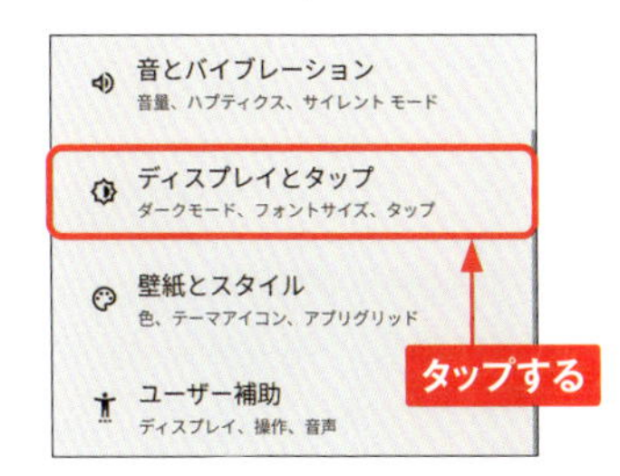

2 「ダークモード」のトグルをタップしてオンにします。

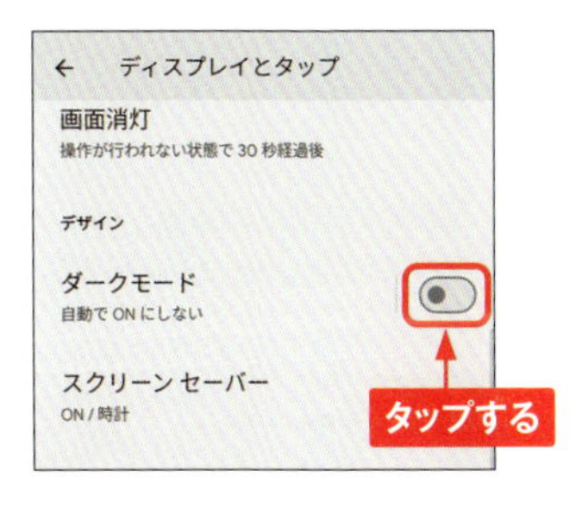

3 ダークモードが適用されて、暗い画面になります。

4 ダークモードに対応したアプリも暗い画面になります。

MEMO 夜間モード

画面を暗くする機能として、「夜間モード」も利用できます。「設定」アプリで [ディスプレイとタップ] をタップし、「夜間モード」のトグルをタップしてオンにすると、画面が全体的に黄色がかった色になり、暗い室内でも目が疲れにくくなります。

Section 019

OS • Hardware

壁紙とUIの色を変更する

壁紙はあらかじめ登録されているもののほかに、「フォト」アプリ内の写真や画像を利用することができます。またAI壁紙では、テーマとキーワードを選ぶと、AIが生成した画像を壁紙として利用することができます。

壁紙とUIの配色を変更する

1 ホーム画面を長押しし、[壁紙とスタイル] をタップします。

2 [その他の壁紙] をタップして好みの壁紙を選択します。

3 プレビューが表示されるので、問題がなければ[壁紙に設定]をタップします。

4 壁紙を設定する画面を選んでタップし [設定] をタップすると、壁紙が設定されます。

5 「壁紙とスタイル」画面で、UIの配色を選んでタップします。

6 ポップアップメニュー、クイック設定、キーボードなどの色に反映されます。

AI壁紙を使う

1 P.30手順**2**の画面で、[AI壁紙]をタップし、テーマを選んでタップします。

2 下線がついたキーワードを選んで、[壁紙を作成]をタップするとAI画像が生成されます。

MEMO **画面に並ぶアイコンの数を設定する**

P.30手順**2**の画面下部にある[アプリグリッド]をタップすると、ホーム画面やすべてのアプリ画面に表示するアプリアイコンの数を変更できます。

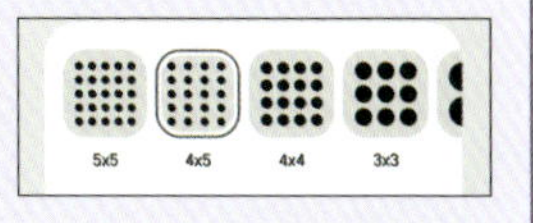

TIPS **色のコントラストを設定する**

P.30手順**2**の画面下部にある[色のコントラスト]をタップすると、UIのコントラスト（明暗差）を調整し、画面上のテキストやアイコンを見やすくできます。

キーボードの種類を切り替える

Pixel 9の文字入力は、初期設定で「12キー」キーボードが設定されていますが、入力しづらいと感じた場合は、キーボードを切り替えることができます。パソコンのキーボードと同じ文字配列の「QWERTY」キーボードなど、さまざまなキーボードが用意されているので、自分の入力しやすいものを選んで設定するとよいでしょう。

1 「設定」アプリを起動し、[システム]をタップします。

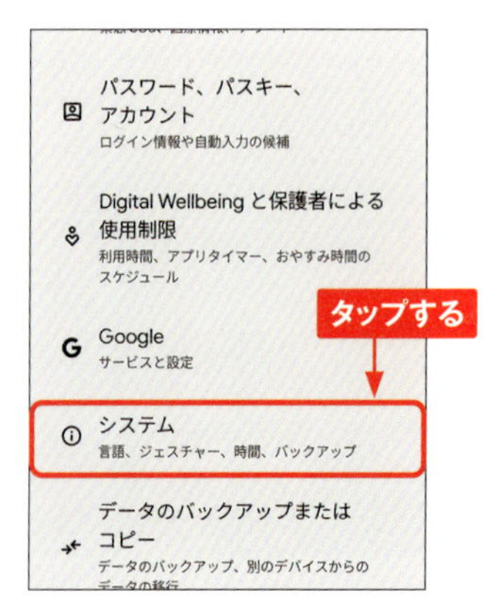

2 [キーボード]→[画面キーボード]→[Gboard]→[言語]→[日本語]の順にタップします。

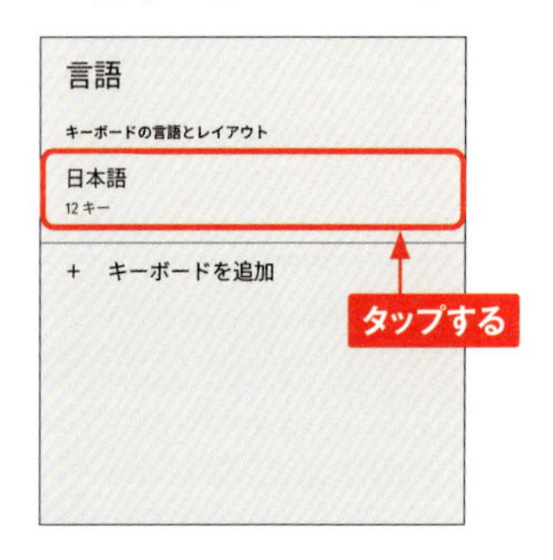

3 キーボードの一覧が表示されます。[QWERTY]をタップしてチェックを付け、[12キー]をタップしてチェックを外すと、キーボードが切り替わります。なお、複数のキーボードを選択することもできます。

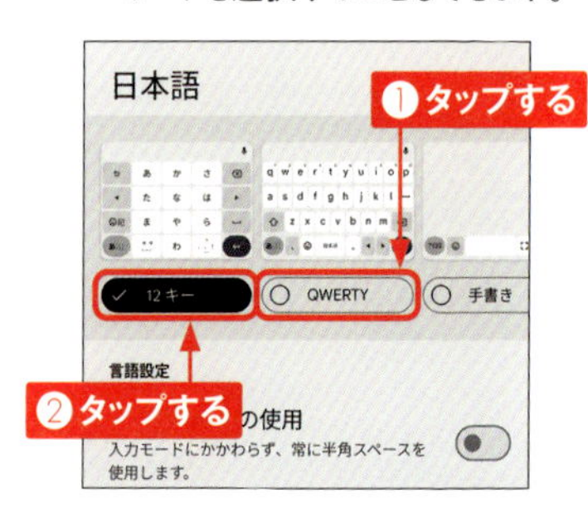

TIPS アシスタント音声入力

Pixel 9の「アシスタント音声入力」機能は、それまでに発声された文脈からAIが類推して、あやふやな音声を適切な言葉にテキスト化し、正確な句読点を打ちます。キーボード入力画面で✿をタップし、[音声入力]→[アシスタントの音声入力]で、「詳細」や「音声コマンド」を確認することができます。

キーボード

キーボードをフロートさせる

キーボードのフローティングを設定すると、キーボードの位置を自由に動かしたり縮小したりできるようになります。アプリによって、情報が表示される領域が狭いと感じた場合などに利用すると、作業しやすくなるでしょう。また、キーボードを縮小して左右に寄せることで、手の小さい人でも片手入力がしやすくなります。

1 テキストの入力画面で、◉をタップします。

2 ［フローティング］をタップします。ここで［片手モード］をタップすると、片手モードになります。

3 キーボードが浮いたようになります。

4 キーボードの下部をタップしてドラッグすると、移動することができます。

MEMO キーボードを縮小する

キーボードを縮小したい場合は、手順**3**の画面で、キーボードの四隅のどれか1つを選んで斜め方向にドラッグすると、大きさを調整することができます。

キーボード

テキストをコピー&ペーストする

Pixel 9は、アプリなどの編集画面でテキストをコピーすることができます。また、コピーしたテキストは別のアプリなどにペースト（貼り付け）して利用することができます。コピーのほか、テキストを切り取ってペーストすることもできます。

1 テキストの編集画面で、コピーしたいテキストを長押しします。

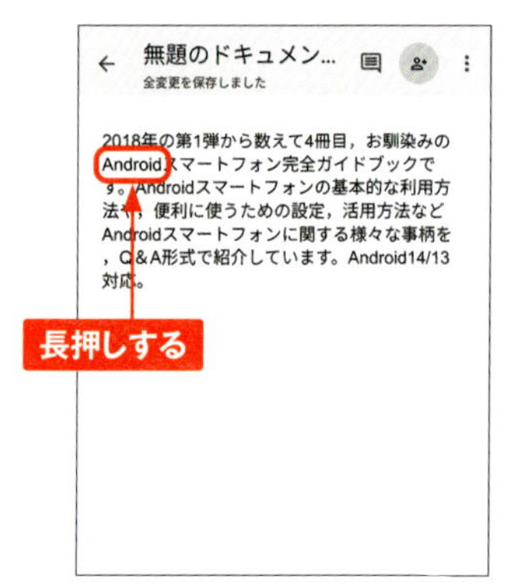

2 ●●を左右にドラッグしてコピーする範囲を指定し、[コピー]をタップします。なお、[切り取り]をタップすると切り取れます。

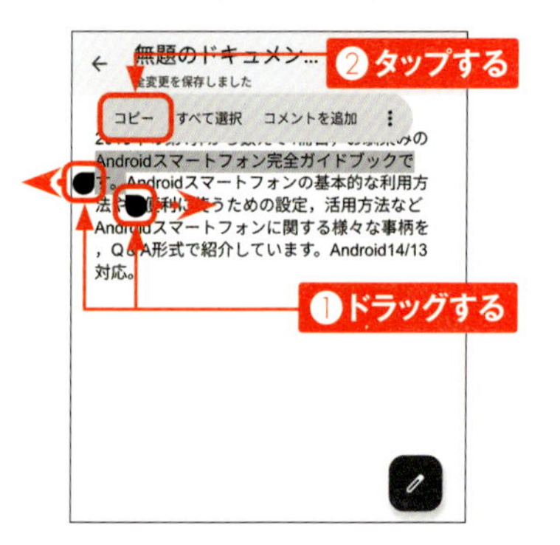

3 ペーストしたい位置をタップし、[貼り付け]をタップします。

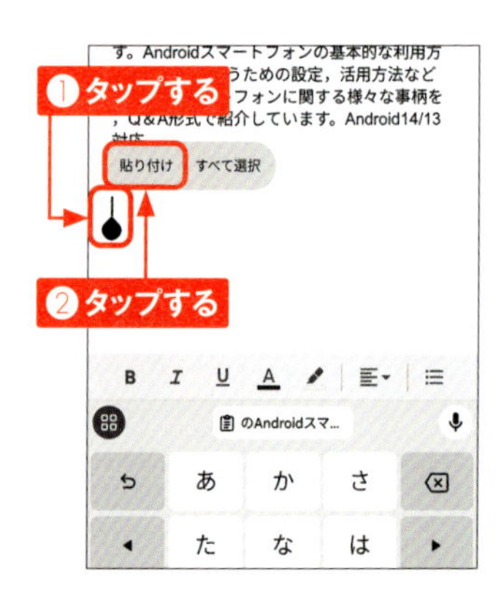

4 テキストがペーストされます。

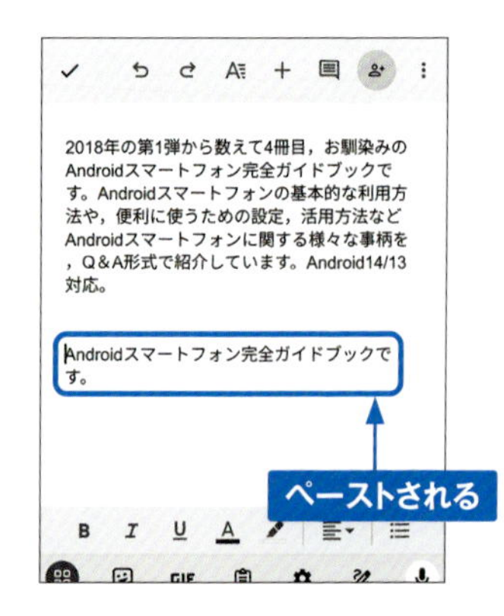

Section 023

メッセージを使い分ける

「メッセージ」アプリ

携帯電話番号を宛先にしたメッセージでは、テキストのみ送受信できる「SMS」と、写真などのファイルも送受信できる「MMS」という2つの方式が使われてきました。現在は、より高品質な方式が登場し、Pixel 9では、標準の「メッセージ」アプリで「RCS」が、「＋メッセージ」アプリをデフォルトのアプリにした場合は「＋メッセージ」が利用できます。

●RCS（Rich Communication Services）

Pixel標準の「メッセージ」アプリでは、「RCS」という国際標準規格に準拠したメッセージを送受信できます。動画などの巨大なデータの送受信や、リアルタイムの送受信確認などが可能です。また、相手がGoogle製の「メッセージ」アプリをデフォルトのアプリ（P.107MEMO参照）に設定していれば、キャリアに依存せずに世界中でRCSメッセージをやりとりできます。なお、iOS 18以降のiPhoneの「メッセージ」アプリもRCSに対応しましたが、2024年10月の時点ではAndroidのRCSとの互換性はありません。

両方の端末にGoogle製「メッセージ」アプリがインストールされており、「設定」アプリの［アプリ］→［デフォルトのアプリ］→［SMSアプリ］に設定されていると、RCSのやりとりが可能になります。

●＋メッセージ（プラスメッセージ）

ドコモ、au、ソフトバンクの国内3大通信キャリアがRCSをベースに開発したメッセージ方式で、一部キャリアを除き、MVNOを含む国内のほとんどの回線で利用できます。また、iPhoneとAndroidスマートフォンの間でも、＋メッセージのやりとりが可能です。

●「Rakuten Link」のメッセージ

楽天モバイル回線を利用している場合は「＋メッセージ」が使えない代わりに「Rakuten Link」アプリでRCS準拠のメッセージを利用できます。楽天モバイル回線同士であれば、国内／海外を問わず、通信料無料で大容量ファイルの送受信が可能です。

●SMS／MMS

上記の方式が利用できない場合は、SMSやMMSを利用します。スマートフォン登場前から使われてきたSMSであれば、世界中の携帯電話とテキストメッセージのやりとりができます（1通送信するごとに固定料金がかかります）。なお、MMSはキャリアやOSによって仕様が異なるため、送受信できない可能性があります。

「連絡帳」アプリ

新規連絡先を「連絡帳」に登録する

メールアドレスや電話番号を「連絡帳」アプリに登録しておくと、着信画面に相手の名前が表示され、自分から連絡する際もスムーズです。姓名や会社名などのほか、アイコンも設定できるので、本人の写真を設定しておくとより判別しやすくなるでしょう。よく連絡を取り合う相手は「お気に入り」に追加して、すぐに見られるようにしておくと便利です。

1 P.23を参考にすべてのアプリ画面を表示し、[連絡帳]をタップします。

2 「連絡帳」アプリが起動します。■をタップします。

3 「連絡先の作成」画面が表示されます。名前やメールアドレス、電話番号などを入力して、[保存]をタップします。

4 連絡先が登録されます。☆をタップするとお気に入りに追加され、手順**2**の「連絡帳」画面左に表示される★をタップすることですぐに呼び出すことができます。

履歴から連絡先を登録する

「連絡帳」アプリ

「連絡帳」アプリに登録していない電話番号から着信があったときは、履歴から連絡先を登録することができます。この場合は、自分で電話番号を入力する必要がありません。

1 すべてのアプリ画面で［電話］をタップします。

2 ［履歴］をタップし、着信履歴から連絡先に登録したい番号を選んでタップします。

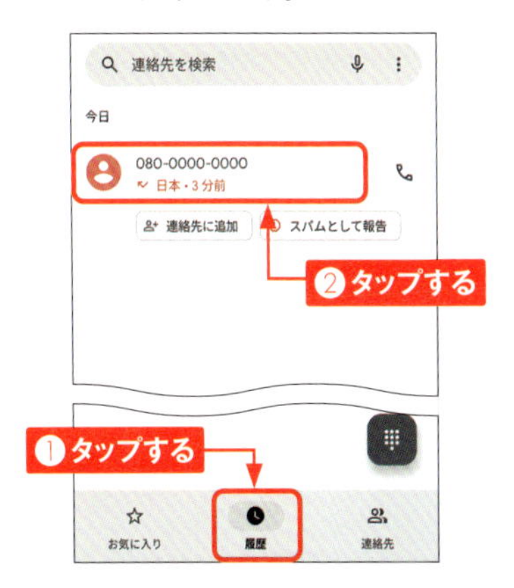

3 ［連絡先に追加］をタップします。保存先のアカウント、もしくは［デバイス］を選びます。

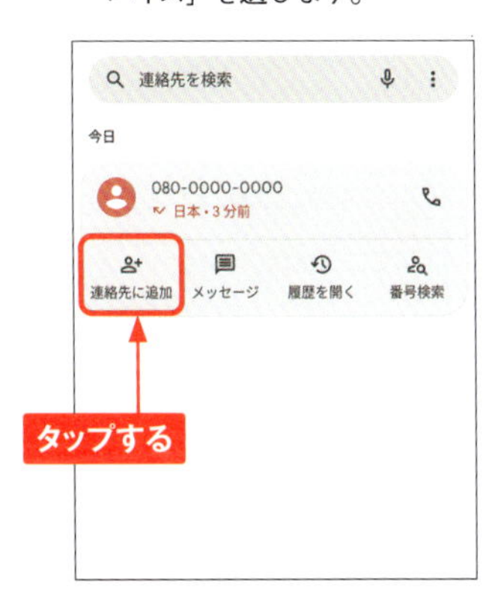

4 「連絡先の作成」画面が表示されます。P.36手順3を参考に、名前などの情報を入力し、［保存］をタップします。

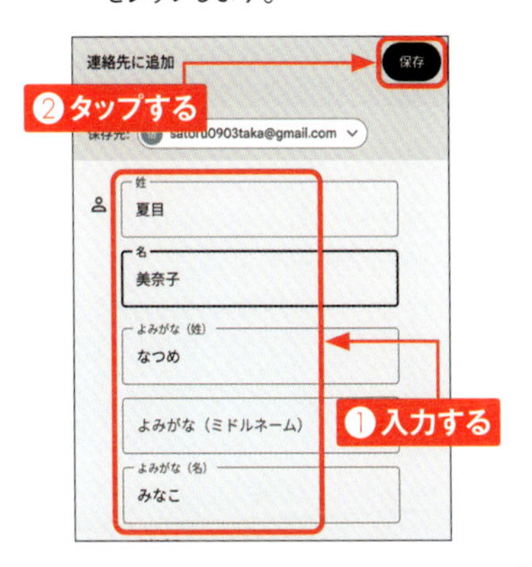

Section 026

取り込み中にメッセージで返信する

「電話」アプリ

忙しいときや電車に乗っているときなど、電話の着信があってもすぐに出られない場合は、SMSで返信することができます。初期設定では4種類のメッセージの中から選べますが、カスタム返信を作成することで、より状況に適したメッセージを送ることも可能です。

1 着信のポップアップをタップします。

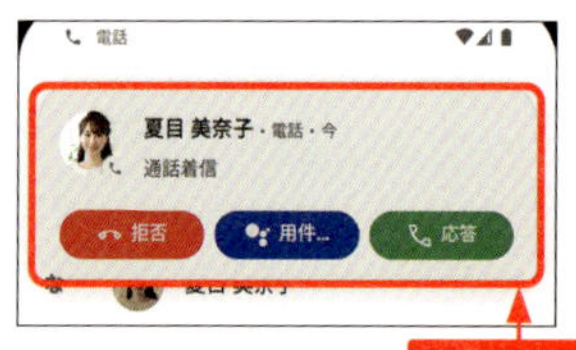

2 電話の着信画面で［メッセージ］をタップします。

3 メッセージを選んでタップすると、相手にメッセージが送信され、着信が止まります。

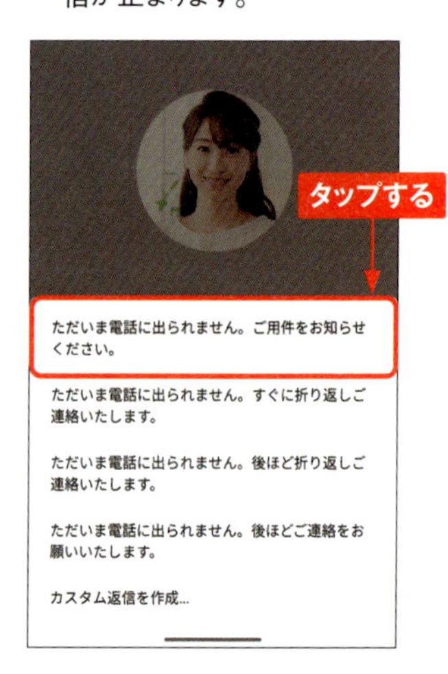

TIPS カスタム返信を作成する

手順3の画面で［カスタム返信を作成］をタップすると、メッセージの内容を自由に入力して相手に送信することができます。ただし、作成できるのは着信中だけのため、時間がかかってしまうようであれば［キャンセル］をタップして手順3の画面に戻り、デフォルトのメッセージをタップして送った方が無難です。

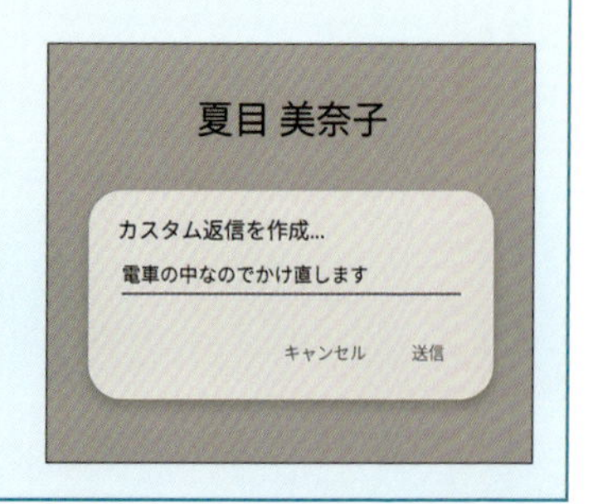

Section 027

「電話」アプリ

迷惑電話を見分ける

スクリーニング機能を使うと、通話をする前に自動音声で相手の名前や要件を確認して、不審な電話かどうかを見分けることができます。相手のしゃべった内容と、こちらから自動音声で伝えた内容のやりとりは画面にテキストで表示されます。

1 着信のポップアップをタップし、表示される着信画面で［要件を聞く］をタップします。

2 名前と用件を話すように、相手に自動音声で伝えられます。

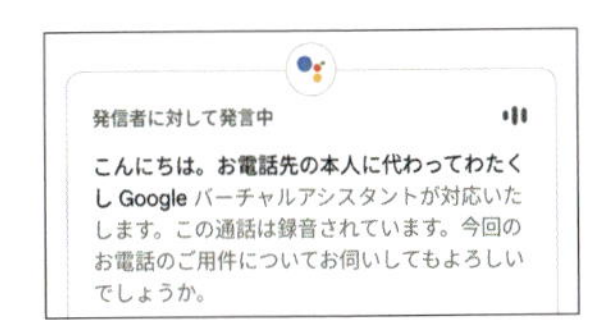

3 相手の話した内容が文字起こしされて表示されます。画面下のボタンを左右にスワイプし、返答を選んでタップすると、相手に自動音声で伝えられます。

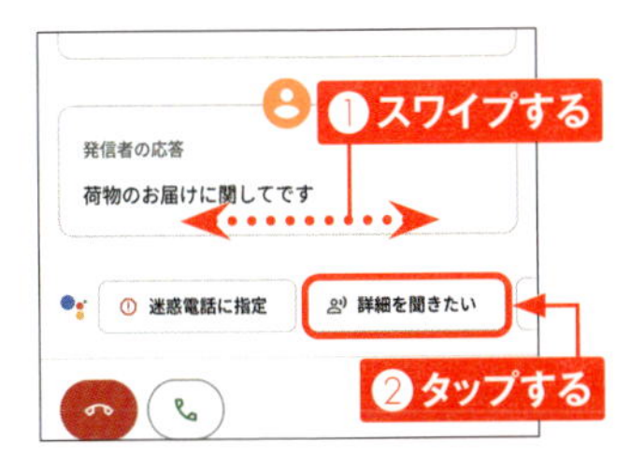

4 3の手順を繰り返して会話をやりとりします。

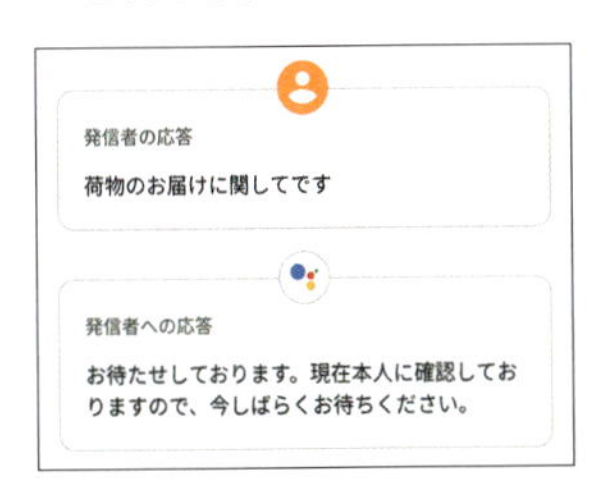

5 やりとり中に、不審な電話であることがわかった場合は をタップして電話を切ります。電話を受けて音声で通話する場合は をタップします。

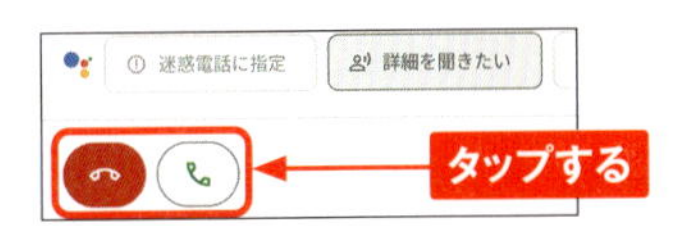

TIPS 迷惑電話をブロック

Googleが迷惑電話と判定した番号からの着信を、自動的に着信拒否することができます。「電話」アプリの右上の ⁝ をタップし、［設定］→［発着信情報／迷惑電話］→［迷惑電話をブロック］の順にタップしてオンにします。

OS • Hardware

スクリーンショットを撮る

画面をキャプチャして、画像として保存するのがスクリーンショットです。表示されている画面だけでなく、スクロールして見るような画面の下部にある範囲をキャプチャして、縦長の画像として保存できます。※キャプチャ範囲の拡大ができない場合や非対応のアプリがあります。

1 電源ボタンと音量ボタンの下を同時に押します。

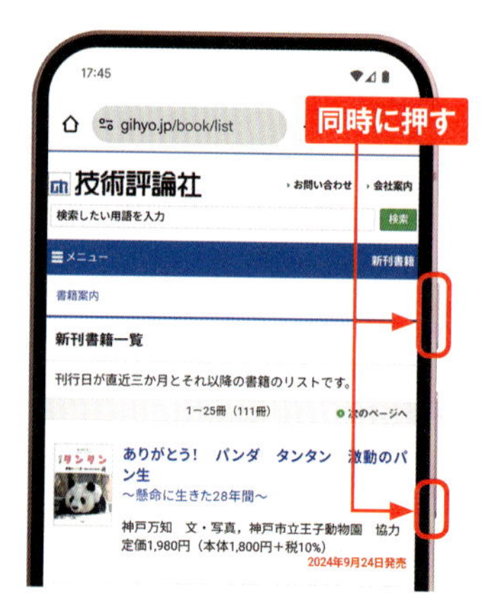

2 画面がキャプチャされて、画面の左下にアイコンとして表示されます。画面をスクロールして長い画像を保存する場合は、[キャプチャ範囲を拡大] をタップします。

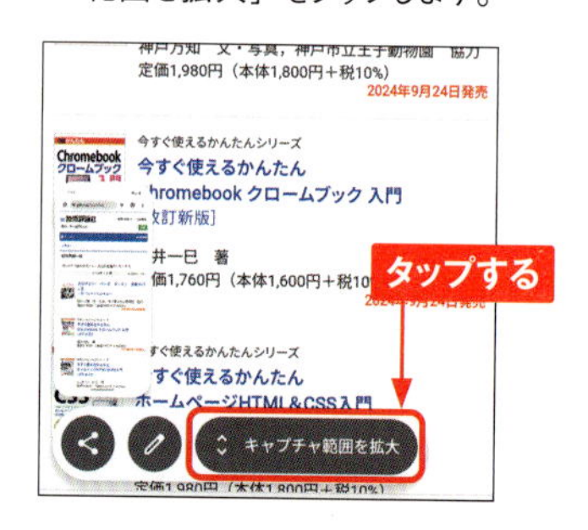

3 キャプチャ範囲が拡大して表示されます。ハンドルをドラッグして範囲を変更し、[保存] をタップします。

MEMO アプリの履歴から撮る

起動中のアプリの画面は、P.24手順2の画面で [スクリーンショット] をタップして、キャプチャすることもできます。

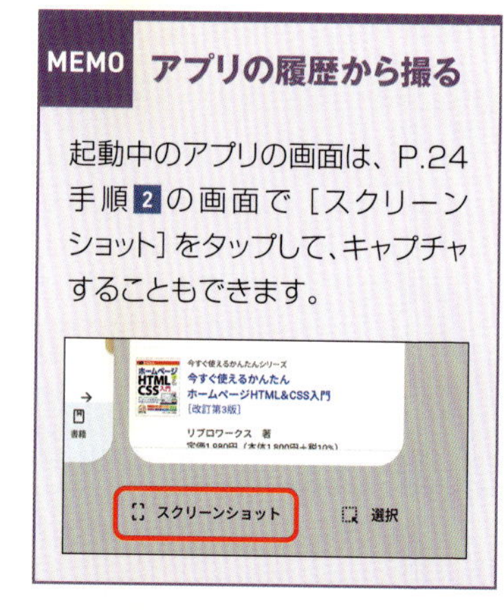

WebとGoogleアカウントの便利技

Chromeのタブを使いこなす

Chrome

Chromeは同時に開いた複数のWebページをタブを切り替えて表示することができます。複数のページを交互に参照したいときや、常に表示しておきたいページがあるときに利用すると便利です。またグループ機能を使うと、タブをまとめたりアイコンとして操作できたりして、管理しやすくなります。

Webページを新しいタブで開く

1 Chromeを起動して、⋮をタップします。

2 ［新しいタブ］をタップします。

3 新しいタブが表示されます。

> **MEMO グループとは**
>
> Chromeは、複数のタブをまとめるグループ機能を使うことができます（P.44～45参照）。よく見るWebページのジャンルごとにタブをまとめておくと、情報を探したり、比較したりしやすくなります。またグループ内のタブはアイコン表示で操作できるので、追加や移動などもかんたんに行えます。

タブを切り替える

1 複数のタブを開いた状態でタブ切り替えアイコンをタップします。

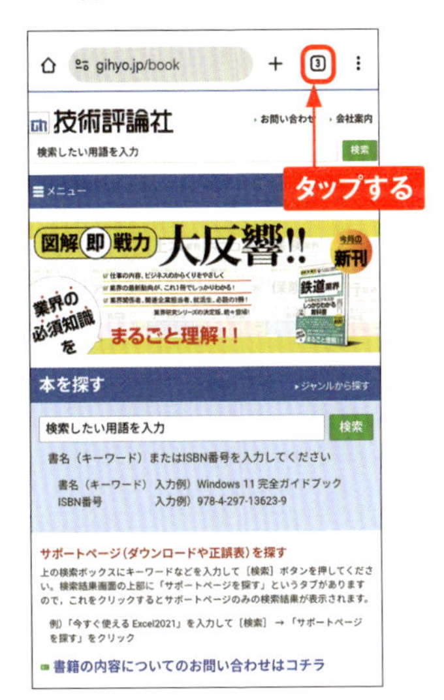

2 現在開いているタブの一覧が表示されるので、表示したいタブをタップします。

3 タップしたタブに切り替わります。

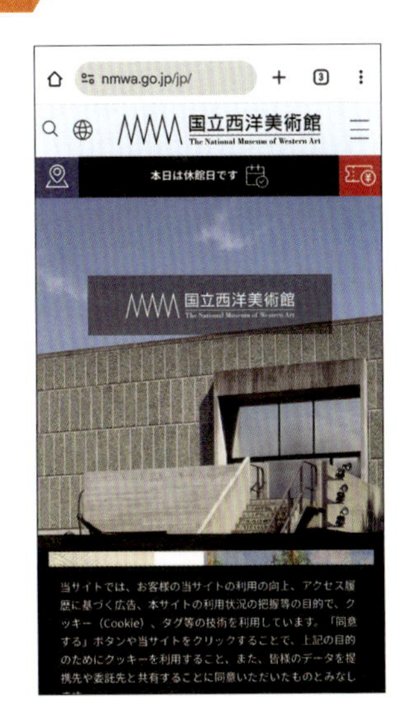

MEMO タブを閉じる

不要なタブを閉じたいときは、手順2の画面で、右上の×をタップします。なお、最後に残ったタブを閉じると、Chromeが終了します。

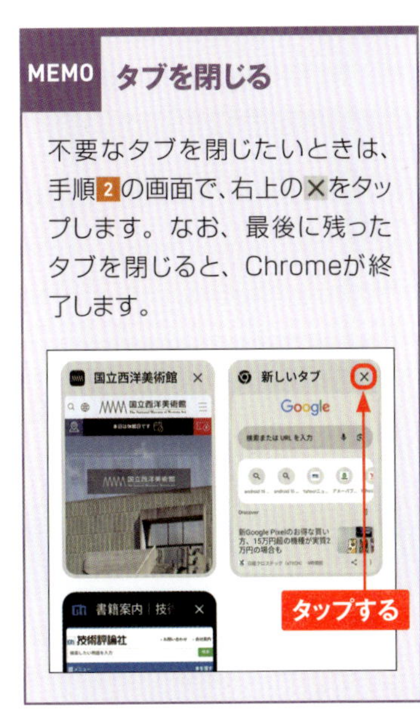

グループを表示する

1 ページ内のリンクを長押しします。

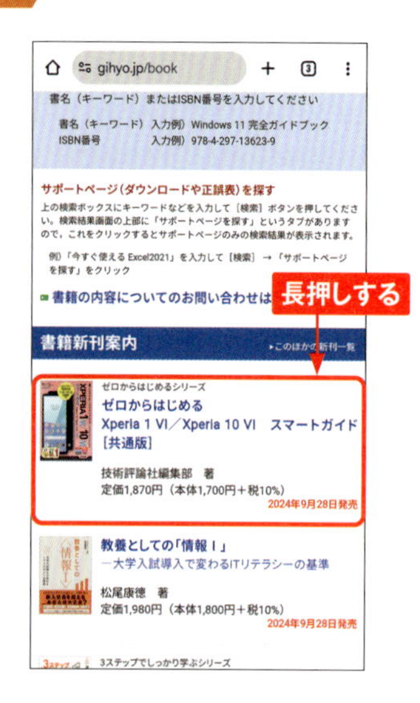

2 ［新しいタブをグループで開く］をタップします。

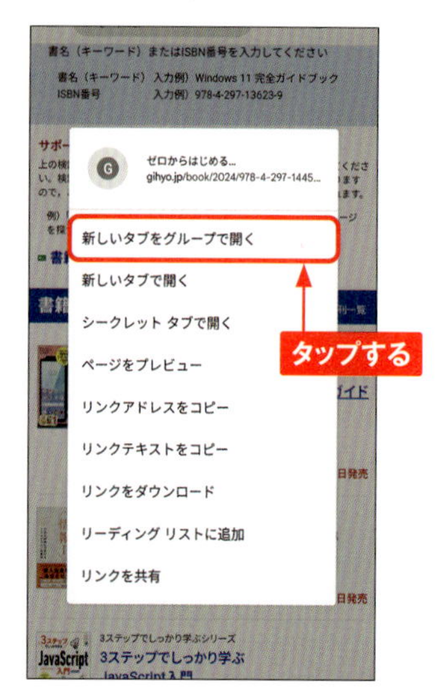

3 新しいタブがグループで開き、画面下にタブの切り替えアイコンが表示されます。新しいタブのアイコンをタップします。

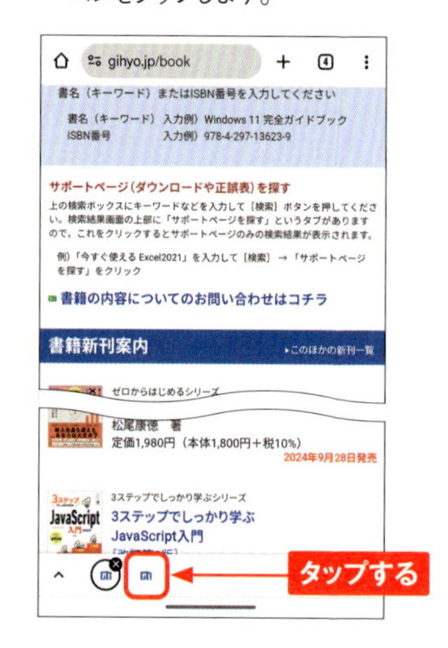

4 新しいタブのページが表示されます。

グループを整理する

1 P.44手順4の画面で右下の＋をタップすると、グループ内に新しいタブが追加されます。画面右上のタブ切り替えアイコンをタップします。

2 現在開いているタブの一覧が表示され、グループの中に複数のタブがまとめられていることがわかります。グループをタップします。

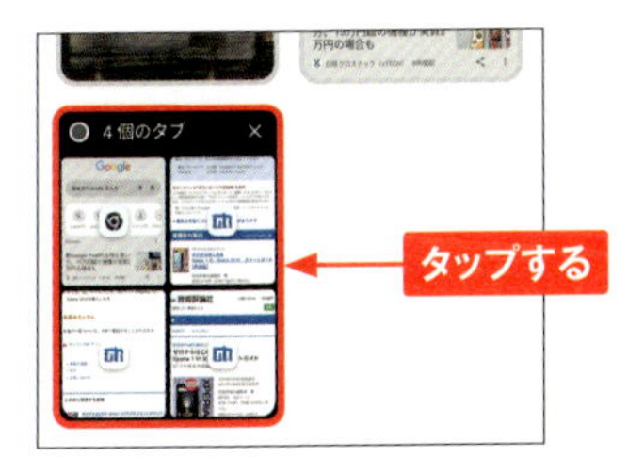

3 グループが大きく表示されます。タブの右上の×をタップします。

4 グループ内のタブが閉じます。←をタップすると、現在開いているタブの一覧に戻ります。

5 グループにタブを追加したい場合は、追加したいタブを長押しし、グループにドラッグします。

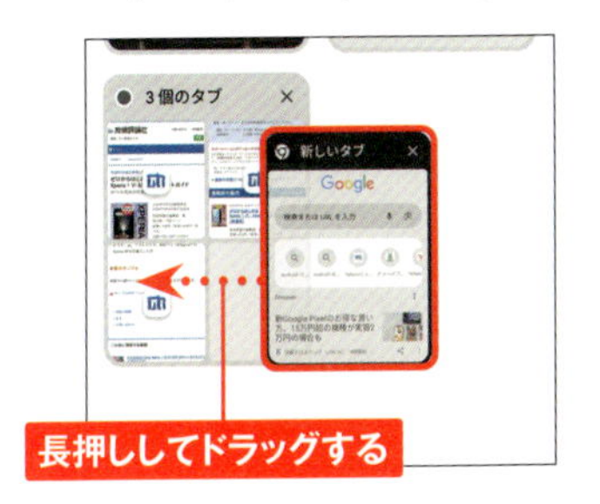

6 グループにタブが追加されます。

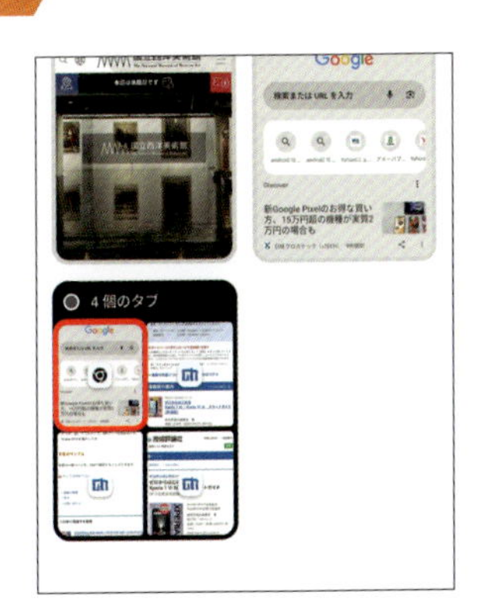

2

Section 030

Webページ内の単語をすばやく検索する

Chrome

Chromeでは、Webページ上の単語をタップすることで、その単語についてすばやく検索することができます。なお、モバイル専用ページなどで、タップで単語を検索できない場合は長押しして文章を選択します（MEMO参照）。

1 ChromeでWebページを開き、検索したい単語をタップします。

2 画面下部に選んだ単語が表示されるので、タップします。

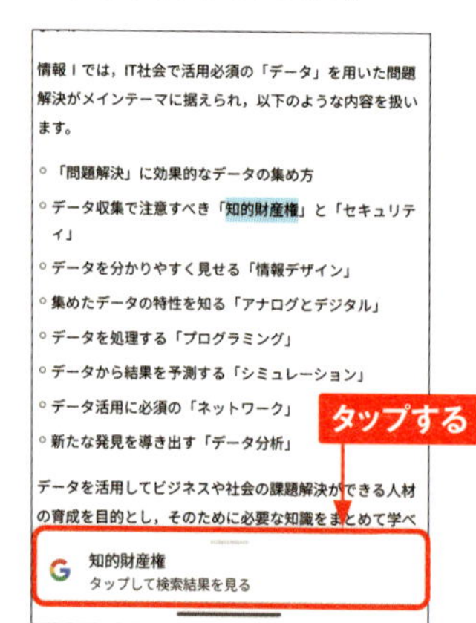

3 検索結果が表示されます。

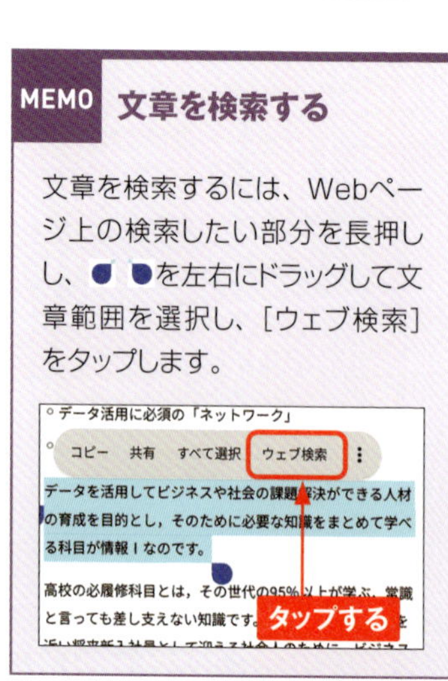

MEMO 文章を検索する

文章を検索するには、Webページ上の検索したい部分を長押しし、● ●を左右にドラッグして文章範囲を選択し、［ウェブ検索］をタップします。

Section 031

Webページの画像を保存する

Chrome

Chromeでは、Webページ上の画像を長押しすることでかんたんに保存することができます。画像はPixel 9内の「Download」フォルダに保存されます。「フォト」アプリで見る場合は、「フォト」アプリで［コレクション］→［Download］の順にタップします。また、「Files」アプリの「ダウンロード」から開くこともできます（Sec.109参照）。

1 ChromeでWebページを開き、保存したい画像を長押しします。

2 ［画像をダウンロード］をタップします。

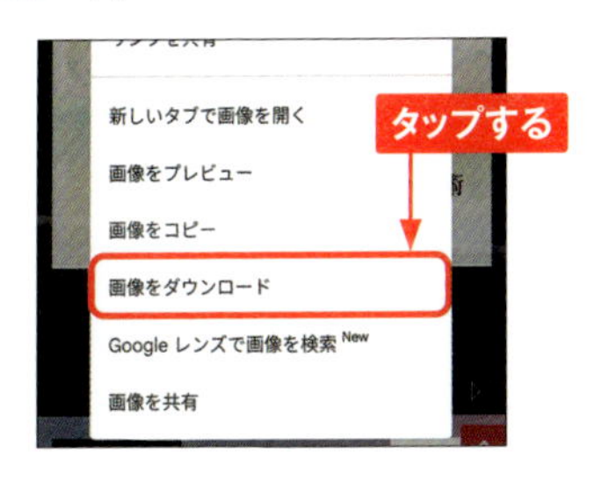

3 ［開く］をタップします。

4 保存した画像が表示されます。

TIPS

Googleレンズで画像を検索する

手順**2**の画面で［Googleレンズで画像を検索］をタップすると、Webページ上の画像をGoogleレンズ（Sec.037～039参照）で検索して情報を得られます。

Section 032

住所などの個人情報を自動入力する

Chrome

Chromeでは、あらかじめ住所やクレジットカードなどの情報を設定しておくことで、Webページの入力欄に自動入力することができます。入力欄の仕様によっては、正確に入力できない場合もあるので、正確に入力できなかった部分を編集するようにしてください。

1 Chromeの画面右上の ⋮ をタップし、[設定]をタップします。

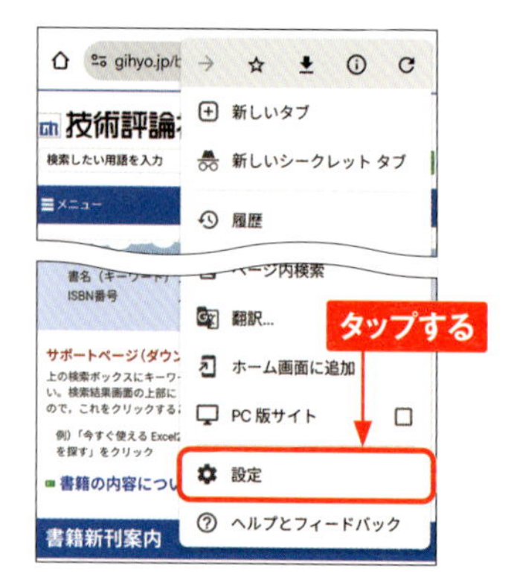

2 住所などを設定するには[住所やその他の情報]を、クレジットカードを設定するには[お支払い方法]をタップします。

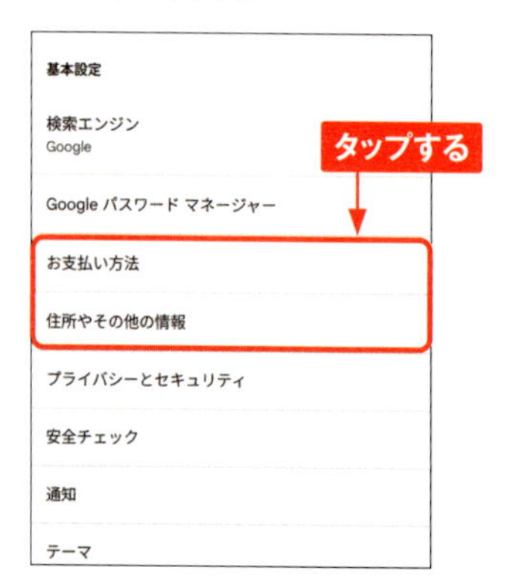

3 「お支払い方法の保存と入力」または「住所の保存と入力」がオンになっていることを確認し、[住所を追加]または[カードを追加]をタップします。

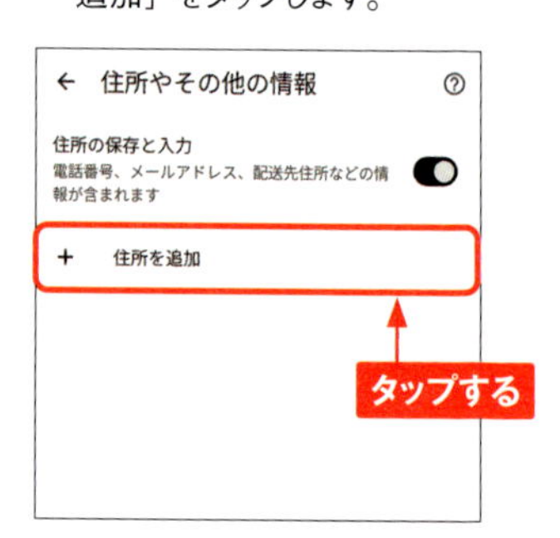

4 情報を入力し、[完了]をタップします。

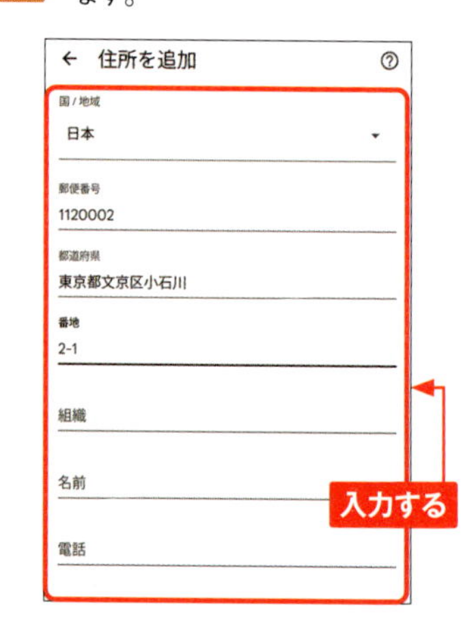

Section 033

パスワードマネージャーを利用する

Chrome

「Googleパスワードマネージャー」は、WebサービスのログインIDとパスワードをGoogleアカウントに紐づけて保存します。以降は、ログインIDの入力欄をタップすると、自動ログインできるようになります。保存したパスワードの管理には、画面ロック解除の操作が必要です。

1 Chromeの画面右上の ⁝ をタップし、[設定] → [Googleパスワードマネージャー] の順にタップします。

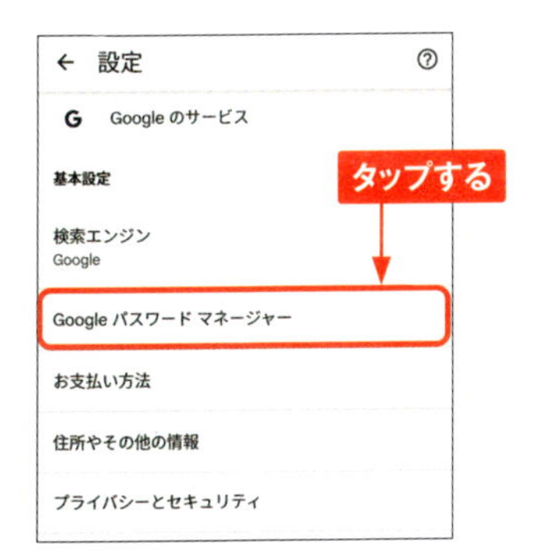

2 [設定] をタップし、[パスワードを保存する] がオンになっていることを確認します。

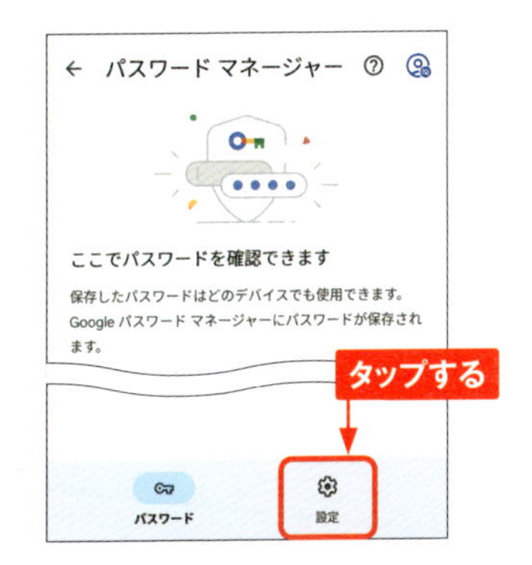

3 Webページでパスワードを入力後、[保存]をタップするとIDとパスワードが保存されます。以降、そのWebページは自動でIDとパスワードが入力されるようになります。

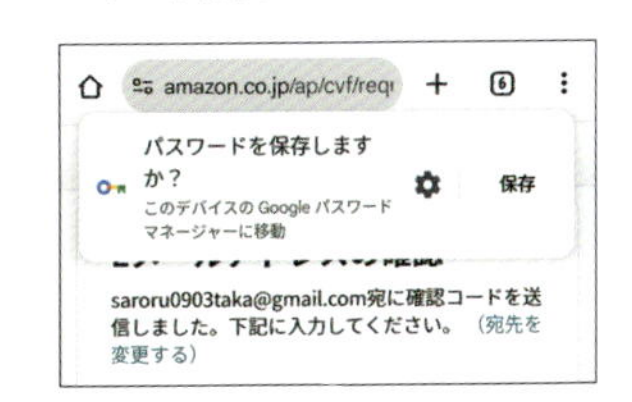

MEMO パスワードを管理する

パスワードを保存すると、手順2の画面に保存したサイトの一覧が表示されます。サイト名をタップすると、パスワードの確認や編集を行うことが可能ですが、画面ロックの設定が必要です（Sec.137～139参照）。

2

Section 034

Googleアプリで検索する

「Google」アプリ

「Google」アプリは、自分に合わせてカスタマイズした情報を表示したり、Google検索を行うことができるアプリです。また、ホーム画面上のGoogle検索ウィジェット（Sec.017参照）を使うとすばやく検索できます。Webページを検索、表示できる点はChromeのGoogle検索と同じですが、機能などが異なります。

1 P.23を参考にすべてのアプリ画面を表示し、［Google］をタップします。

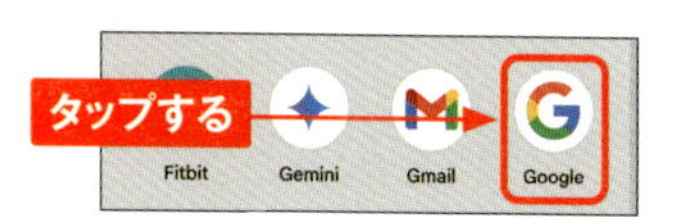

2 「Google」アプリが起動します。検索するキーワードを入力し、🔍をタップします。

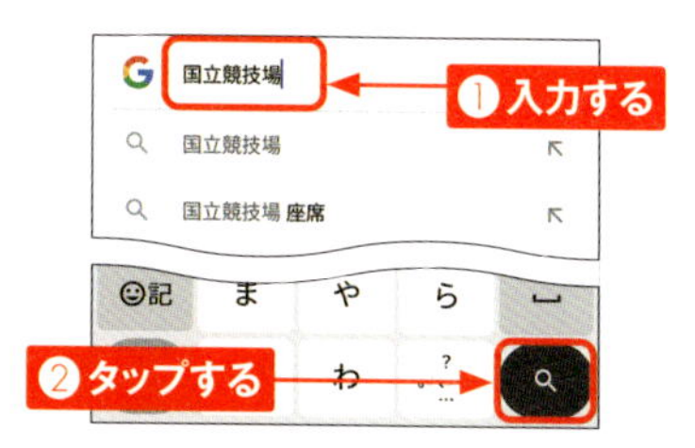

3 キーワードに関連する検索結果が表示されます。

MEMO 検索候補を利用する

検索ボックスをタップした際に表示される検索履歴の↖をタップすると、AND検索の候補が表示され、タップするとAND検索を行うことができます。なお、検索履歴を長押しし、［削除］をタップすると履歴が削除され、AND検索候補を長押しし、［報告する］をタップすると、候補のフィードバックを送信できます。

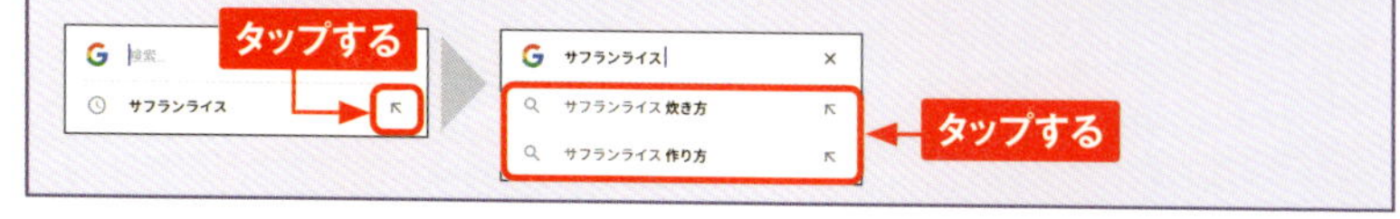

Section 035

Discoverで気になるニュースを見る

「Google」アプリ

Google Discoverは、Webページの検索など、Googleサービスで行った操作や、フォローしているコンテンツをもとに、ユーザーが興味を持ちそうなトピックを表示する機能です。新しいトピックはもちろん、ユーザーが関心を持ちそうな古いトピックも表示されます。ニュースや天気などの概要が表示された「カード」をタップすることで、ソースのWebページが表示されます。

1 ホーム画面を右方向にスワイプします。

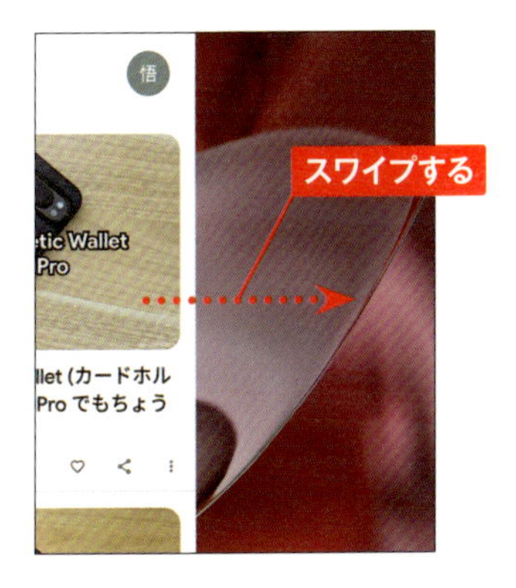

2 Google Discoverが表示されます。カードをタップします。

3 Webページが表示されます。

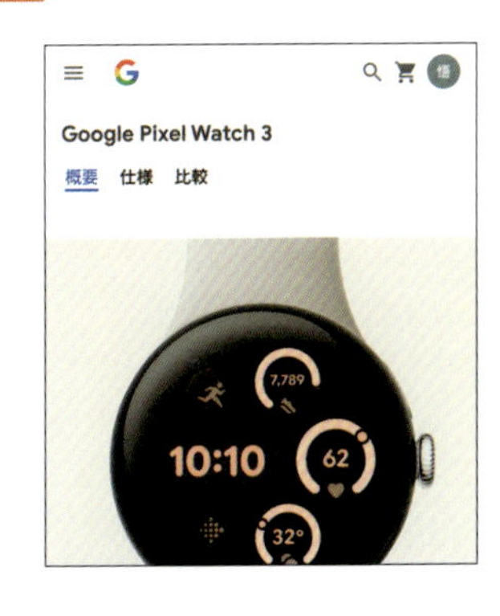

TIPS 表示頻度を上げる

好きなカードの右下にある高評価アイコン♡をタップすると、そのトピックの表示頻度が上がります。

Section 036

Webアクティビティを確認する

「Google」アプリ

「Google」アプリで検索したり、Google Discover（Sec.035参照）で見たりしたWebページのアクティビティ（履歴）は、「Google」アプリの「検索履歴」で確認したり、再び表示したりすることができます。

1 「Google」アプリを起動し、右上のプロフィールアイコンをタップします。

2 ［検索履歴］をタップします。

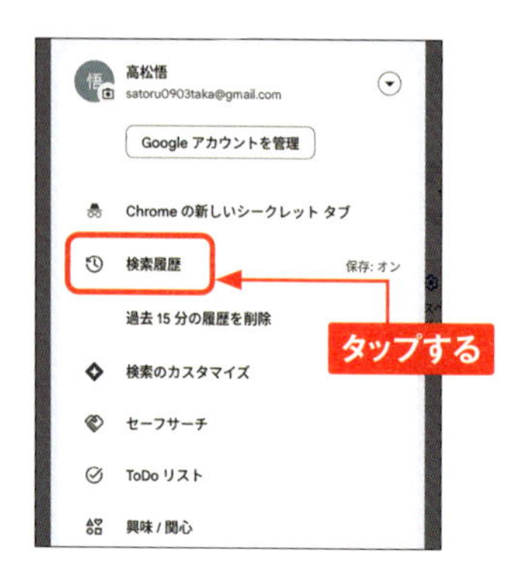

3 最近表示したWebページが表示されます。画面を上下にスワイプして確認します。［削除］をタップすると、削除する履歴の範囲を指定することが可能です。

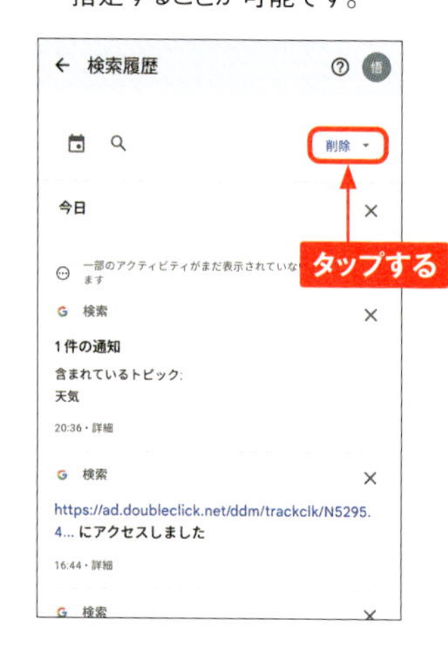

> **TIPS 過去のWebアクティビティを確認する**
>
> 手順 3 の画面で📅をタップすると、過去の日付を指定してそれ以前に見たWebページを確認したり、再表示したりすることができます。また🔍をタップすることで、ジャンルを絞り込むことができます。

Section 037

「Googleレンズ」

Googleレンズで似た製品を調べる

Googleレンズは、カメラで対象物を認識・分析することで、関連する情報などを調べることができる機能です。ここでは、Googleレンズで似た製品を検索する例を紹介します。好みの製品に近いものを探したい場合などに活用するとよいでしょう。

1 Google検索ウィジェットの をタップします。

2 ［カメラで検索］ をタップします。「フォト」アプリ、SNSなどの画像や写真を選んで調べることもできます。

3 検索の対象物にカメラを向けて、シャッターボタンをタップします。

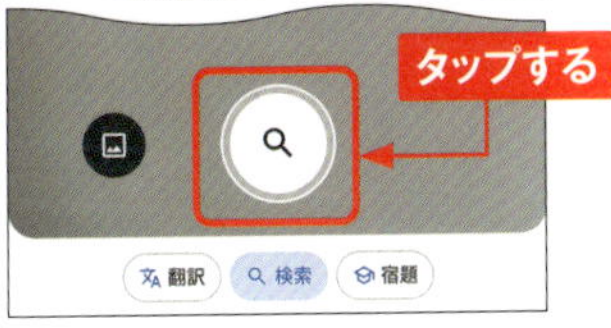

4 検索結果が表示されます。画面を上にスワイプし、検索結果を選んでタップすると、詳細を確認することができます。

2

Section 038

Googleレンズで植物や動物を調べる

「Googleレンズ」

Googleレンズでは、植物や動物を認識することができます。類似した種別がある場合は複数の候補が表示されます。公園や森などで、名前を知らない植物や動物を見つけたときに活用するとよいでしょう。

1 P.53手順3の画面で、カメラを植物や動物に向け、シャッターボタンをタップします。

2 候補が表示されるので、いずれかの候補をタップします。

3 詳細が表示されます。

TIPS QRコードを読み取る

手順3の画面や「カメラ」アプリでカメラをQRコードに向けて、表示されたURLやコンテンツ名をタップするとWebページが表示されます。

2

Section 039

Googleレンズで活字を読み取る

Googleレンズは文書内の活字を読み取ってテキスト化することができます。読み取れなかった文字は、AI機能により前後の文字や文脈から補完されるので、精度の高い文字起こしが可能です。

1 P.53手順3の画面で、カメラを読み取りたいテキストにかざしてシャッターボタンをタップします。

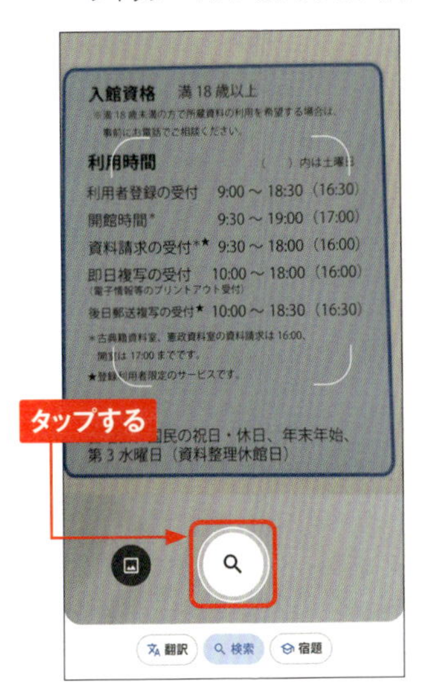

2 ［テキストを選択］をタップします。

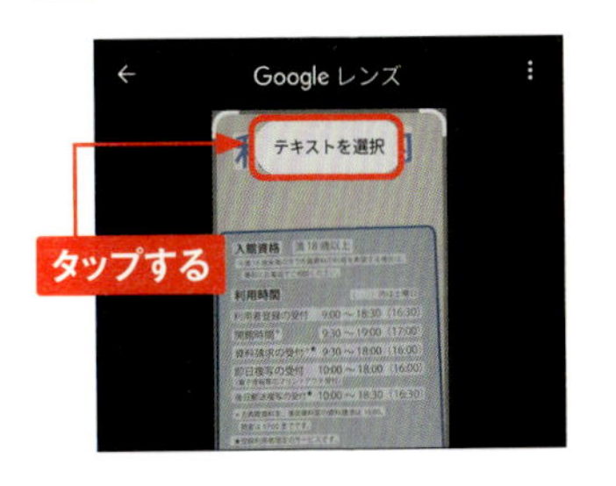

3 必要な部分だけを切り取りたいときは、指でなぞってテキストを選択して［コピー］をタップします。テキストがコピーされて、ほかのアプリにペーストして利用することができます。

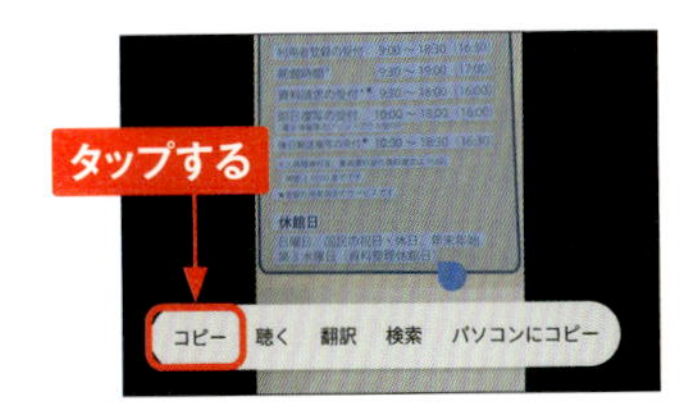

TIPS パソコンにテキストをコピーする

手順3の画面で［パソコンにコピー］をタップすると、パソコンにテキストをコピーすることができます。パソコンのChromeがPixel 9と同じGoogleアカウントでログインしていることが条件になります。また［聴く］をタップすると、選択したテキストが音声で読み上げられます。

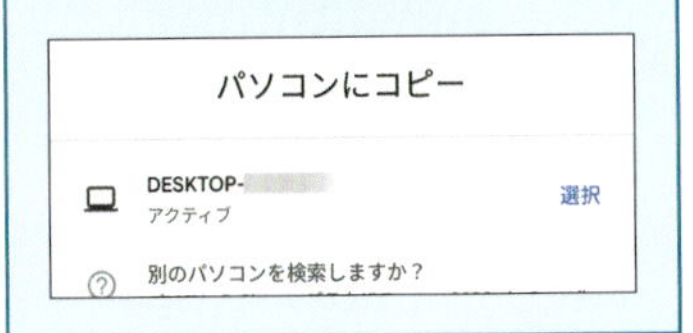

2

Section 040

「かこって検索」で調べる

「Google」アプリ

Pixel 9の画面上の画像やテキストを、指を使って丸く囲んで検索することができます。どのアプリを使っているときでも、表示しているモノや言葉の意味などをすぐに調べられます。

1 画面に調べたいものが表示された状態で、画面最下部のバーを長押しします。

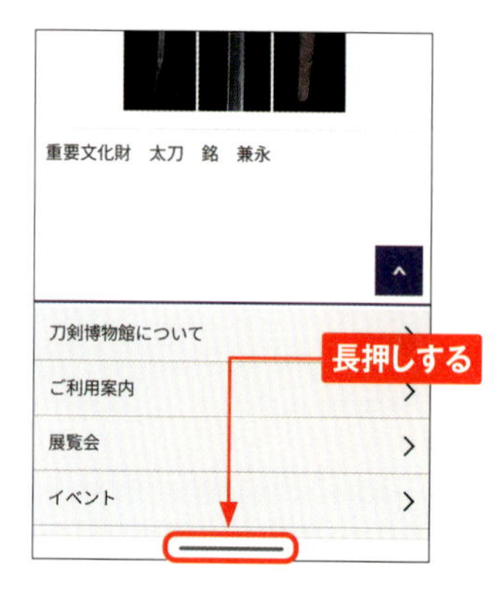

2 画面が曇ったような色になったら、検索したいモノを指で丸く囲みます。画面をピンチアウトで拡大表示して、囲みやすくすることもできます。

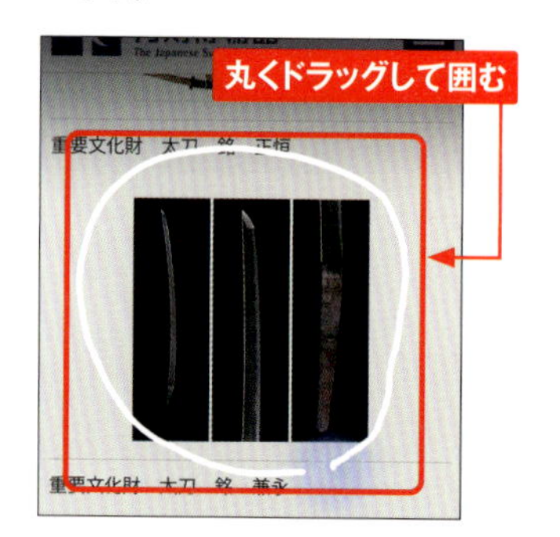

3 丸で囲んだものが検索されます。画面を上方向にスワイプすると、検索結果が表示されます。

MEMO 画像以外を調べる

画面上のテキストの場合は、手順2の画面でテキストをタップして指でなぞるか、囲んで選択すると、読みや意味などが検索されます。また、画面右下の文Aをタップすると画面上のすべてのテキストが翻訳され、♪をタップすると周囲で流れている曲を調べることができます。

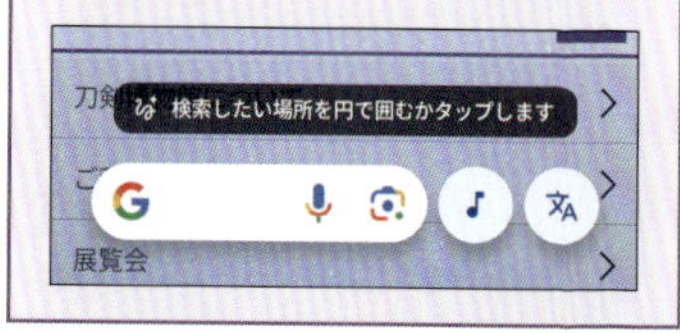

Section 041

Googleアカウントの情報を確認する

Googleアカウントの情報は、「Google」アプリなど、Google製のアプリから確認することができます。登録している名前やパスワードの確認と変更や、プライバシー診断、セキュリティの確認などを行うことができます。

1 「Google」アプリを起動し、右上のプロフィールアイコンをタップします。

2 [Googleアカウントを管理]をタップします。

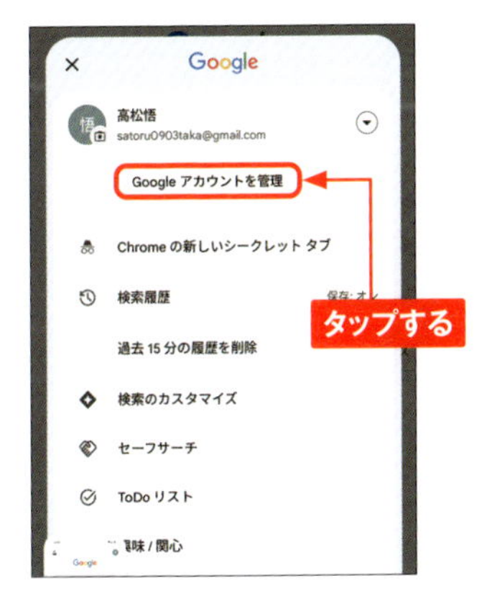

3 Googleアカウントの管理画面が表示されます。

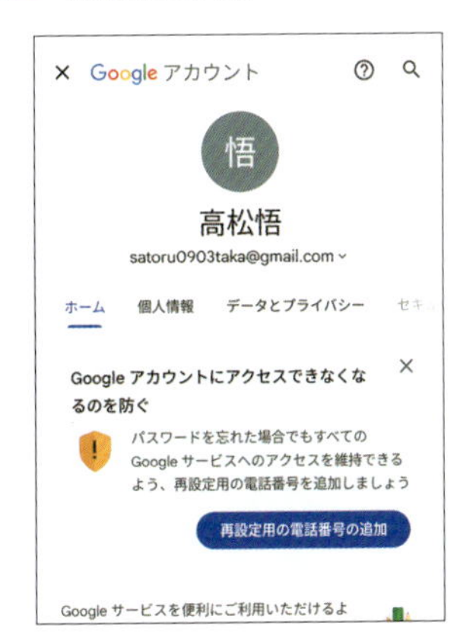

4 タブをタップするとそれぞれの情報を確認できます。

「Google」アプリ

アクティビティを管理する

これまでに利用したGoogleのサービス、タイムライン（ロケーション履歴）、YouTubeの視聴など、Web利用以外のアクティビティ（履歴）もアカウントやデバイス内に保存されます。これらのアクティビティは、Googleがそれぞれのユーザーに最適化した情報を提供するのに利用されています。

1 P.57手順3の画面で、［データとプライバシー］をタップし、［操作した内容、訪れた場所］をタップします。

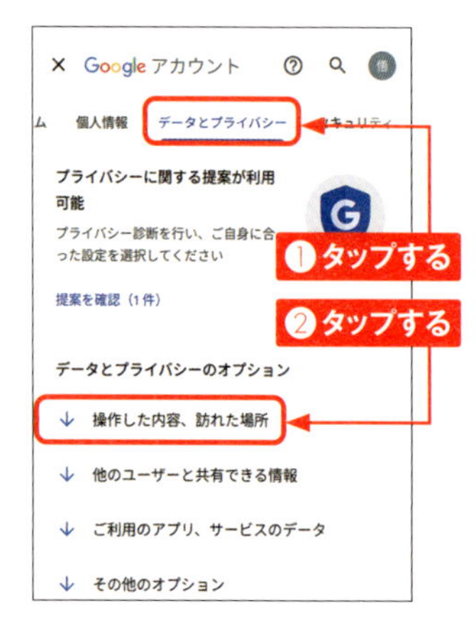

2 必要に応じて、「ウェブとアプリのアクティビティ」「タイムライン」「YouTubeの履歴」のアクティビティの保存をオフにすることができます。

3 手順2の画面で［マイアクティビティ］［マップのタイムライン］［YouTubeの視聴履歴と検索履歴］のいずれかをタップします。

4 それぞれのアクティビティを過去にさかのぼって確認したり、再表示したりすることができます。

Section 043

プライバシー診断を行う

「Google」アプリ

Googleアカウントには、ユーザーのさまざまなアクティビティやプライバシー情報が保存されています。プライバシー診断では、それらの情報の確認や、情報を利用した後に削除するように設定することができます。プライバシー診断に表示される項目は、Googleアカウントの利用状況により変わります。

1 P.57手順3の画面で、[データとプライバシー]をタップし、「プライバシーに関する提案が利用可能」の[プライバシー診断を行う]をタップします。

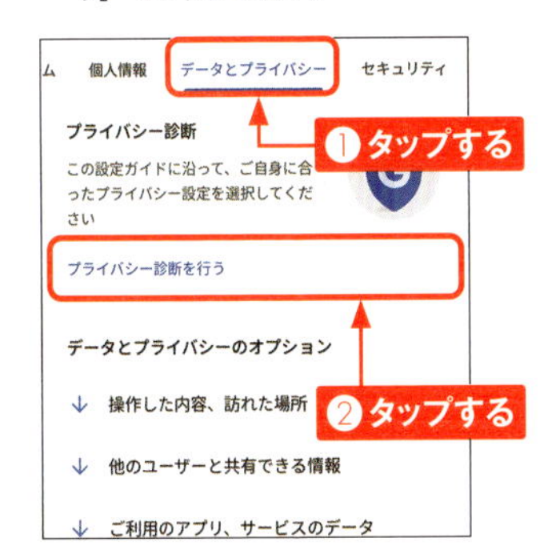

MEMO プライバシーに関する提案

手順1の画面が表示されずに、「プライバシーに関する提案」が表示された場合は、タップして確認します。

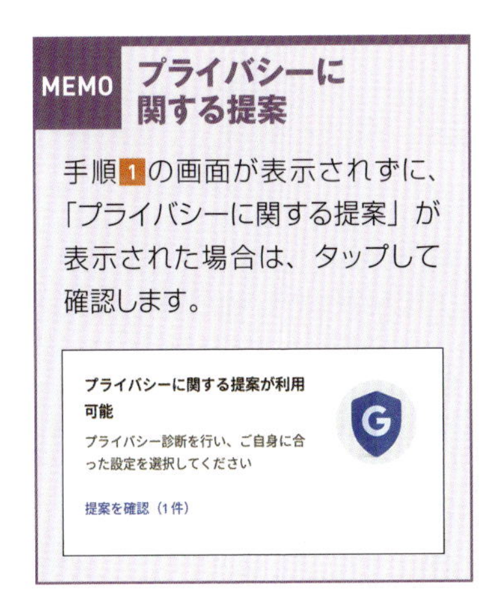

2 ウェブとアプリのアクティビティの設定の確認と変更を行うことができます（Sec.042参照）。[次へ]をタップします。

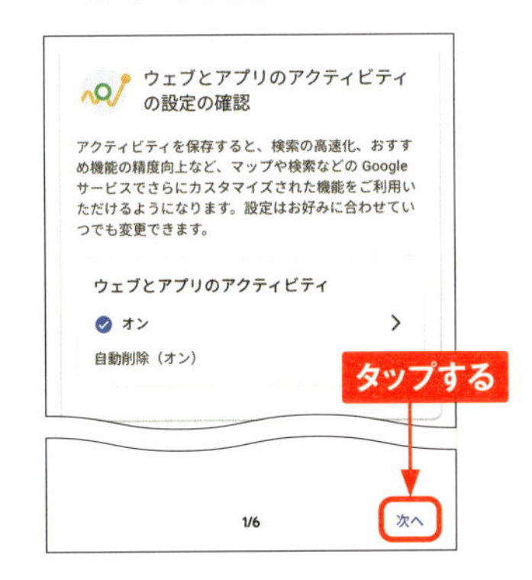

3 タイムラインの設定の確認と変更を行うことができます。[次へ]をタップします。1つ前に戻りたい場合は[前へ]をタップします。

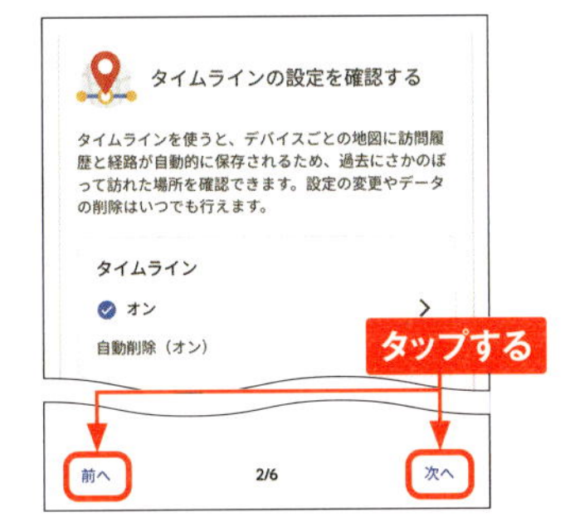

4 YouTube履歴の設定の確認と変更を行うことができます。[次へ]をタップします。

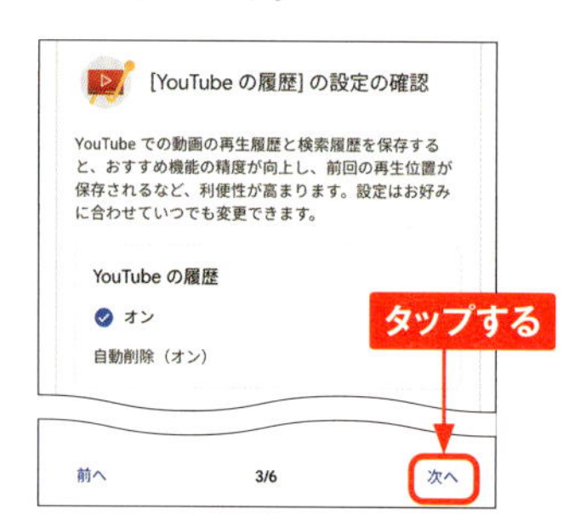

5 広告のカスタマイズ方法の確認と変更を行うことができます。[次へ]をタップします。

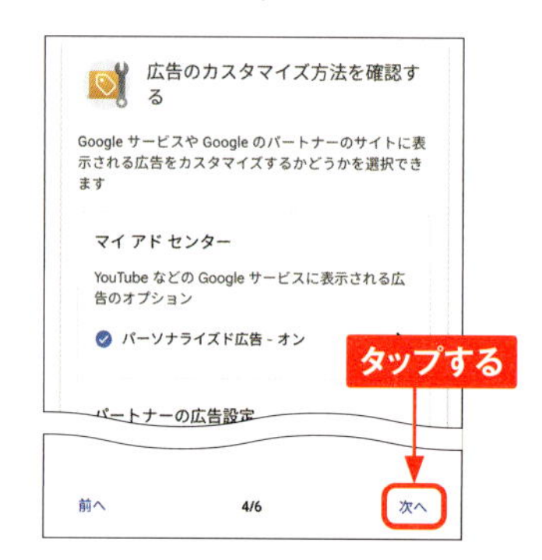

6 公開するプロフィール情報の確認と変更を行うことができます。[次へ]をタップします。

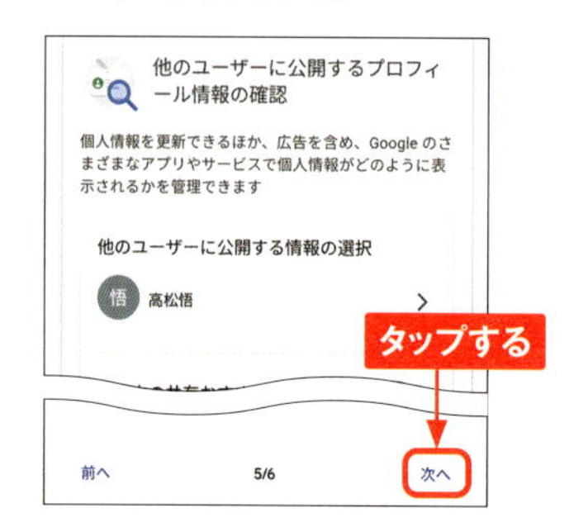

7 YouTubeで共有する情報の設定の確認と変更を行うことができます。［完了］をタップします。

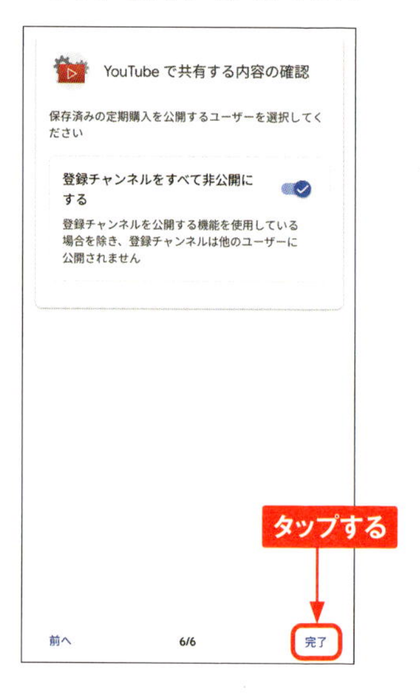

8 プライバシー診断が終了します。［Googleアカウントを管理］をタップすると、手順1の画面に戻ります。

2

「Google」アプリ

Googleサービスの利用状況を確認する

GoogleアカウントでI利用しているサービスの利用状況は、WebのGoogleダッシュボードで確認し、設定を変更することができます。Googleアカウントでログインしていれば、パソコンのWebブラウザから利用することもできます。

1 Chromeで検索を行い、検索された［Googleダッシュボード］をタップします。

2 Googleダッシュボードにサービスの利用状況が表示されます。

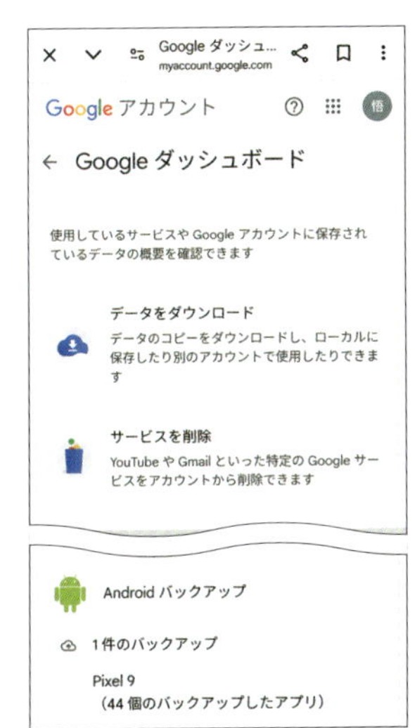

TIPS デジタル遺産の管理

アカウントの無効化管理ツールを使うと、Googleアカウントを一定期間利用していなかった場合に、アカウントを削除するか、残ったデータの取り扱いをどうするかなどのプランを設定することができます。P.58手順**1**の画面の下部にある［デジタル遺産に関する計画］をタップして設定します。

アカウント無効化管理ツール

ご利用の Google アカウントを使用できなくなった場合のデータの取り扱いの設定

アカウントが長期間使用されていないと判断するまでの期間と、その期間が過ぎた後にデータをどう取り扱うかを指定してください。信頼できるユーザーにデータを公開するか、Google 側でデータを削除するよう設定できます。
詳細

開始する

Section 045

「設定」アプリ

Googleアカウントの同期状況を確認する

Googleアカウントは、さまざまなサービスやアプリと同期されます。たとえば、Gmailやカレンダーを同期しておくと、レストランの予約メールを受信すると自動的にGoogleカレンダーに追加されます。また連絡先を同期しておくと、ほかの機器からも連絡先を利用できるようになります。

1 「設定」アプリを起動し、[パスワード、パスキー、アカウント]をタップします。

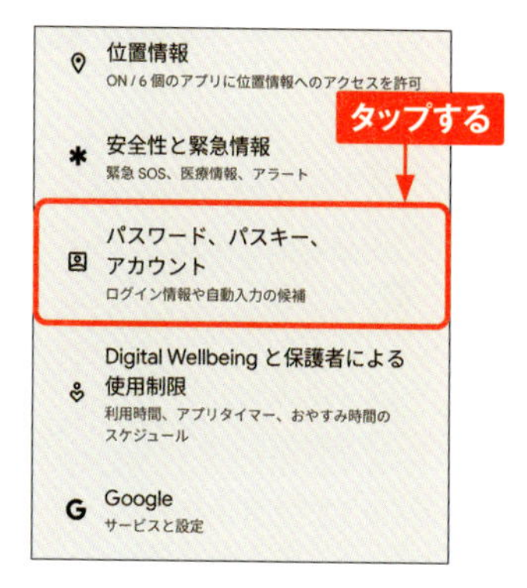

2 Googleのアカウント名をタップします。

3 [アカウントの同期]をタップします。

4 Googleアカウントの同期状況が表示されます。それぞれの項目をタップして、同期のオン／オフを切り替えます。

2

Section 046

「設定」アプリ

Googleアカウントに2段階認証を設定する

2段階認証とは、ログインを2段階にしてセキュリティを強化する認証のことです。Googleアカウントの2段階認証をオンにした状態でほかの環境からログイン操作を行うと、Pixel 9（Googleアカウントでログインしているスマホ）に、認証のための通知やSMSが届くようになります。

1 P.62手順3の画面で、[Googleアカウント] をタップします。

2 タブを左方向にスワイプし、[セキュリティ] → [2段階認証プロセス] の順にタップします。

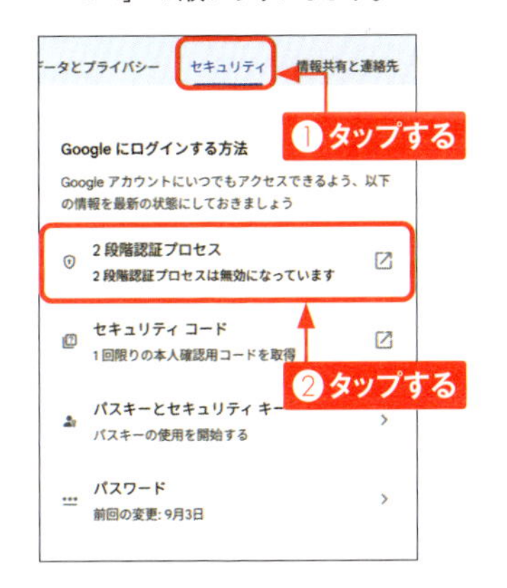

3 Googleアカウントのパスワードを入力し、[次へ] をタップします。

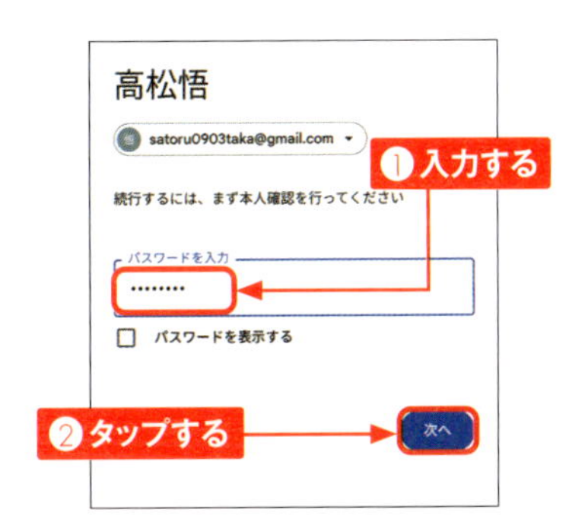

4 [2段階認証プロセスを有効にする] → [完了] の順にタップします。再設定用の電話番号やメールアドレスを追加していない場合は、追加します。

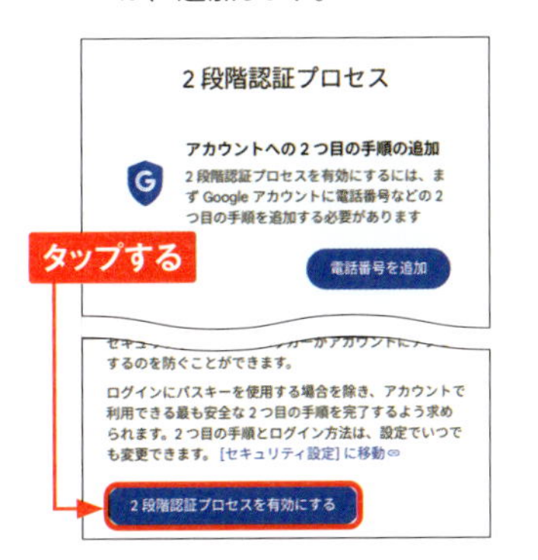

2

Section 047

「設定」アプリ

Googleアカウントにパスキーを設定する

パスキーを設定すると、Googleアカウントのログイン方法がパスワードからパスキー認証に変更され、安全性がさらに高くなります。パスキーに設定できるのは、画面ロック解除に使用しているPIN（Sec.137参照）や生体認証（Sec.138参照）などです。パスキーは設定した機器（Pixel 9）に保存されます。

1 P.57手順3の画面で［セキュリティ］をタップし、［パスキーとセキュリティキー］をタップします。

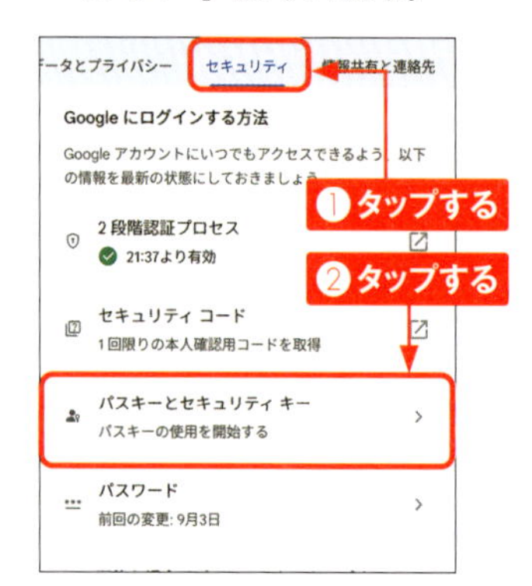

2 ［パスキーを使用］をタップします。自動的に、ロック解除の方法がパスキーとして設定されます。

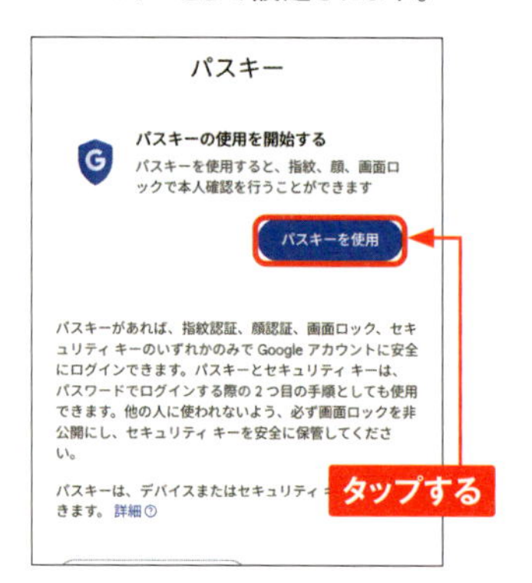

3 ［完了］をタップします。

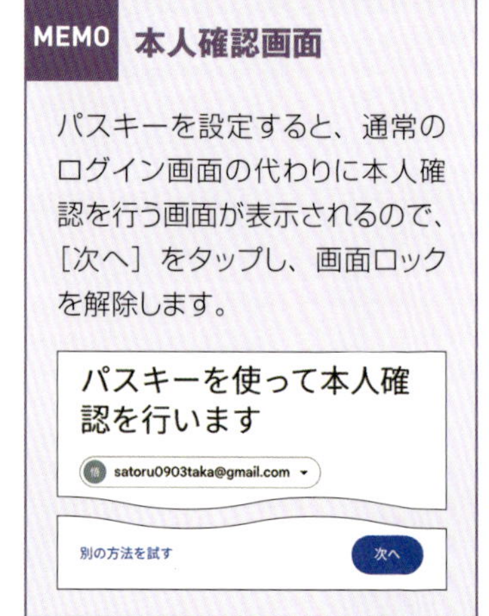

MEMO 本人確認画面

パスキーを設定すると、通常のログイン画面の代わりに本人確認を行う画面が表示されるので、［次へ］をタップし、画面ロックを解除します。

Section 048

「設定」アプリ

複数のGoogleアカウントを使う

Pixel 9には、複数のGoogleアカウントを登録することができます。個人で複数のGoogleアカウントを作ると、Gmail、Googleフォト、Googleドライブなどのサービスを複数利用することができます。プライベートと仕事で使い分けたいときなどに便利です。なお、Pixel 9本体のデータは共有されます。

1 「設定」アプリを起動し、[Google]をタップします。自分のGoogleアカウント名をタップします。

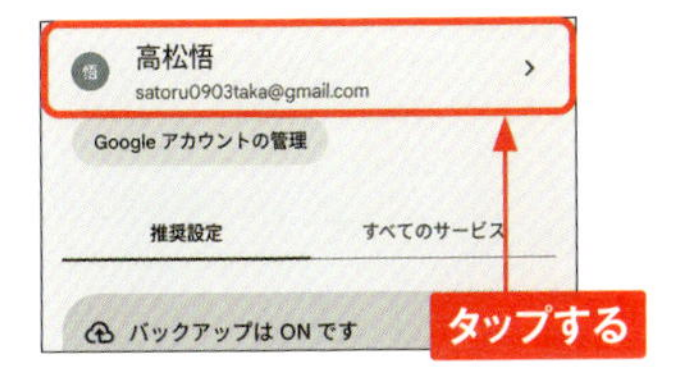

2 [別のアカウントを追加]をタップし、ロック解除の操作を行います。

MEMO アカウントの切り替え

Googleアカウントの切り替えは、アプリやサービスの画面上で行います。たとえば、「フォト」アプリの場合、プロフィールアイコンをタップし、切り替えるアカウント名を選びます。

3 取得済みのGoogleアカウントを入力し、[次へ]をタップします。アカウントを新規作成する場合は、[アカウントを作成]をタップします。

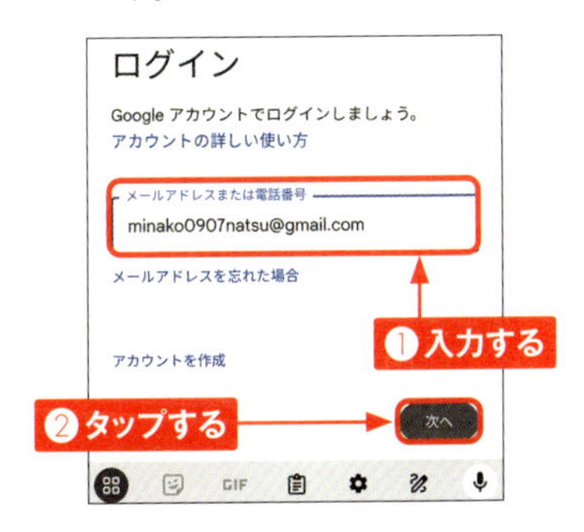

4 パスワードを入力し、[次へ]→[同意する]→[後で行う]の順にタップします。

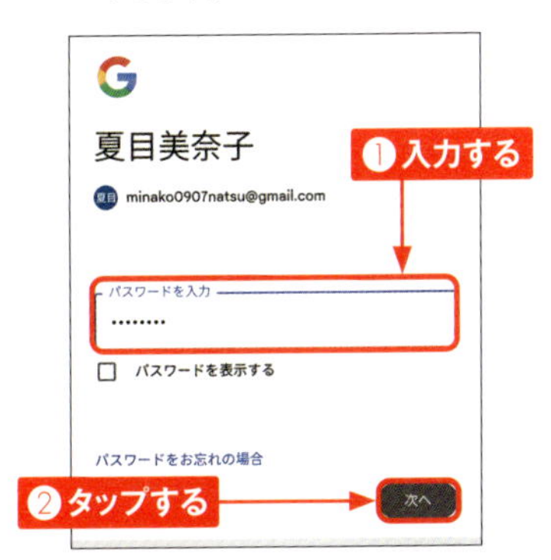

Section 049

「設定」アプリ

Pixelをマルチユーザーで使う

別のユーザーを設定すると、1台のPixel 9を複数人で使うことができます。アカウントの切り替え（Sec.048参照）と異なり、それぞれのユーザースペースは隔離されていて、アプリやサービスがほかのユーザーに利用されることはありません。本体設定などは共有されて、ほかのユーザーからも変更することができます。

1 「設定」アプリを起動し、［システム］→［ユーザー］の順にタップします。

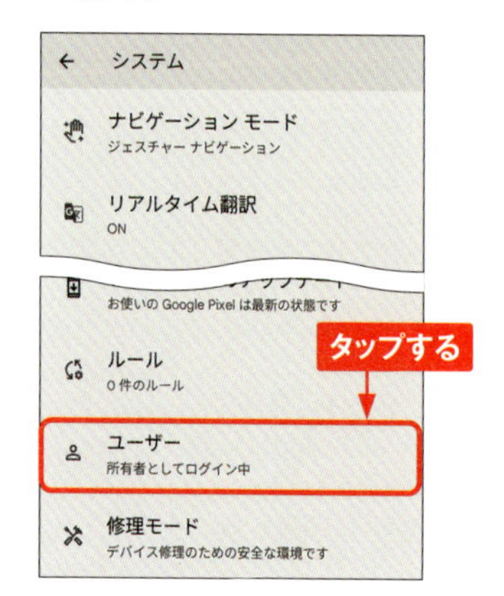

2 ［複数のユーザーを許可する］をタップしてオンにして、［ユーザーを追加］をタップします。次の画面を確認して［次へ］をタップします。

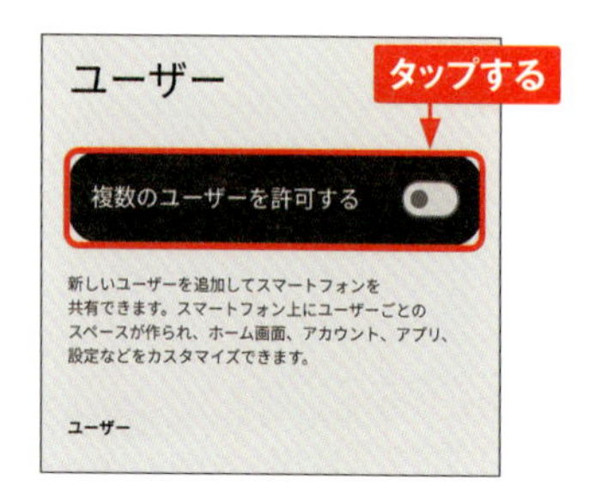

3 新しいユーザーの名前を入力し、［完了］をタップします。

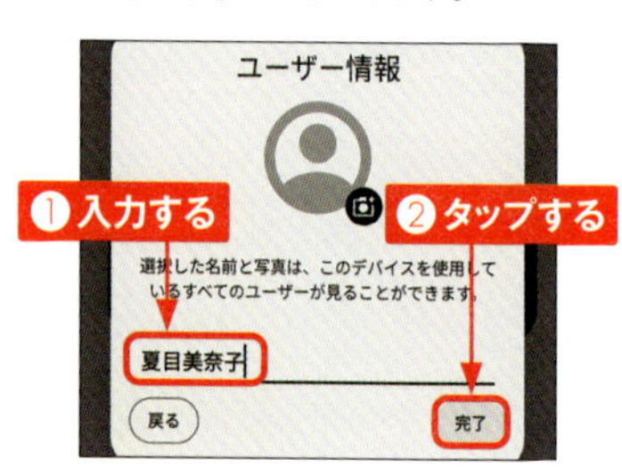

4 ［～に切り替え］をタップすると、新しいユーザーに切り替わります。Googleアカウントの入力（または新規取得）やセットアップを行います。

5 ユーザーの切り替えは、ホーム画面のクイック設定の下部に表示されるボタン■から行います。

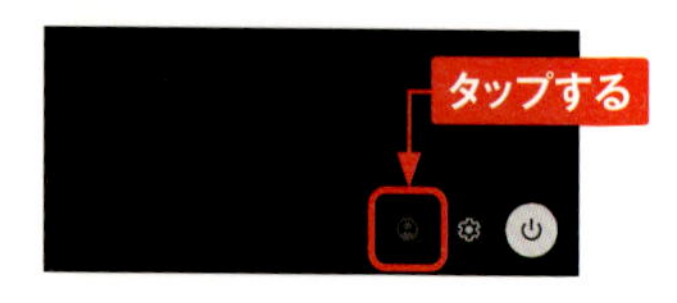

写真や動画、音楽の便利技

Chapter

3

Section 050

カメラを使いこなす

「カメラ」アプリ

Pixel 9は、光学0.5倍を担当する48MP超広角カメラ、光学1倍と2倍を担当する50MP広角カメラを搭載しています。Pixel 9 Pro／9 Pro XLは、超広角と広角に加えて、光学5倍と10倍を担当する48MP望遠カメラを搭載しています。「カメラ」アプリはAI処理により、そのままシャッターを切っても常に最適な画像処理を行います。操作中の画面（ビューア）には、現在の撮影設定で撮影した場合の写真に近い映像が表示されます。

「カメラ」アプリの画面

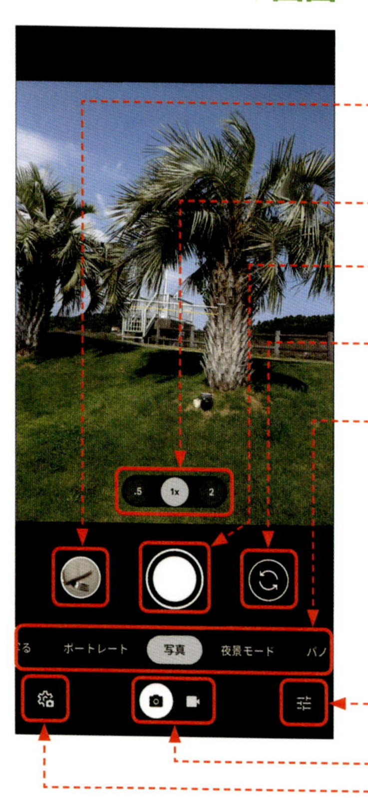

サムネイルをタップすると、「フォト」アプリで直前に撮った写真・動画を確認することができます。

タップやドラッグでズーム倍率を設定できます（P.70参照）。

タップすると撮影が行われます。

背面カメラ／前面カメラが切り替わります。

画面を左右にスワイプすると、モードが切り替わります。

タップすると、明るさやシャドウなどの画質を調整できます（P.70参照）。

写真撮影と動画撮影を切り替えます。

タップすると、設定パネルが表示されます。選択中のモードによって設定項目が変わります。

カメラの設定を変更する

左下の⚙をタップし［その他の設定］をタップすると、設定メニューが表示されます。この設定メニューで、位置情報の保存や解像度など、カメラに関するさまざまな設定を行うことができます。

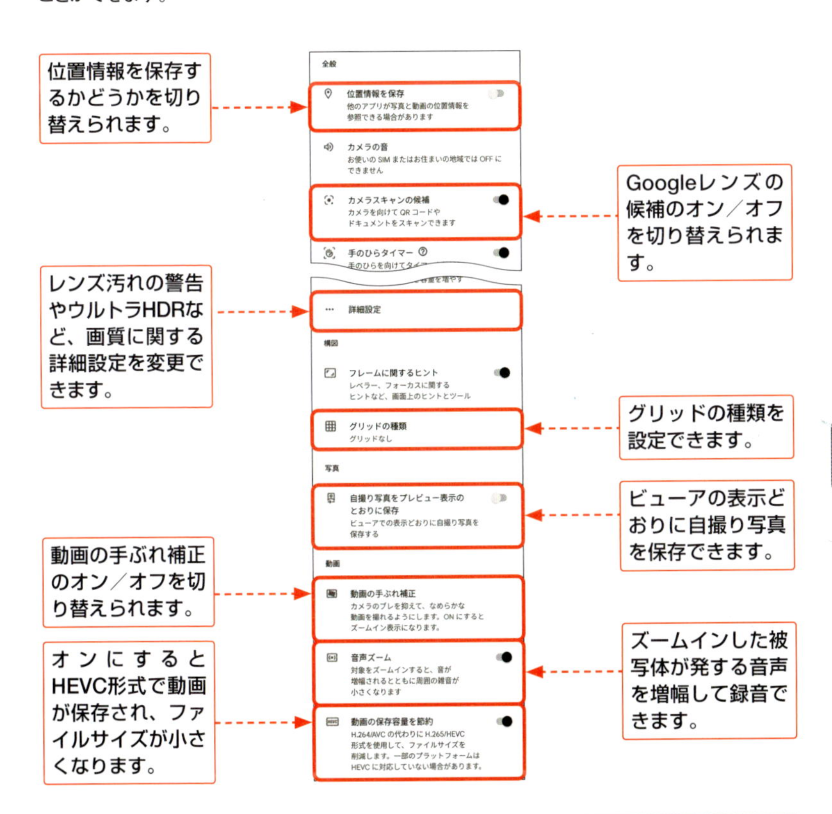

MEMO Pixelシリーズのズーム倍率

	Pixel 9	9 Pro ／ 9 Pro XL	ズームの特徴
光学ズーム	0.5、1、2	0.5、1、2、5、10	撮像素子本来の高画質な画像
中間ズーム	静止画：0.5～2 動画：0.5～7	0.5～10	光学ズームで撮影したものをトリミング加工した画像
超解像ズーム	静止画：2～8	静止画：10～30 動画：10～20	光学最大倍率で撮影したものをAI処理で拡大した画像

写真を撮影する

「カメラ」アプリ

フォーカスを合わせたい箇所をタップすると、最適なフォーカスと露出に自動的に調整され、長押しするとロックされます。必要に応じて、倍率や露出を手動調整してからシャッターボタンをタップします。

ズームする

1 ビューアの下にある［.5］をタップすると超広角に、［2］をタップすると光学2倍に倍率が切り替わります。

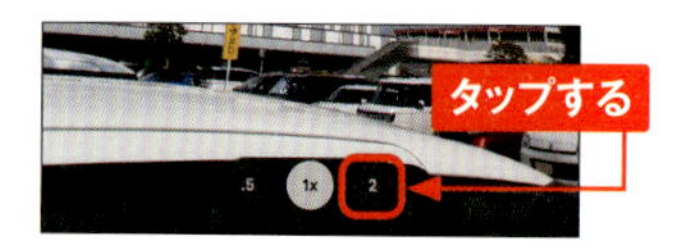

2 画面をピンチアウト／ピンチインすると、0.5～8の範囲で倍率を調整できます。ズームスライダーをドラッグして調整することもできます。

露出を調整する

1 をタップします。［明るさ］をタップし、スライダーを左にドラッグすると、全体的に明るくなります。

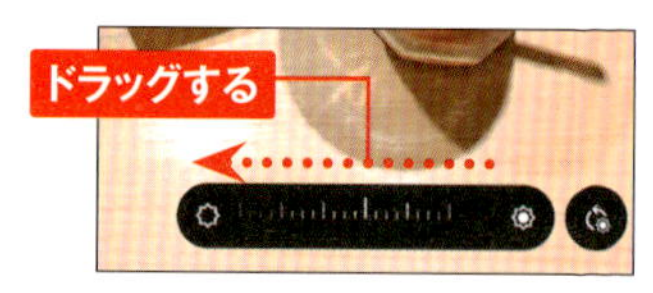

2 ［シャドウ］をタップし、スライダーを左にドラッグすると、暗い部分だけが明るく調整されます。

TIPS 写真を連続動画として保存する「トップショット」機能

をタップし、「トップショット」を［自動］（被写体が動いたときのみ）または［ON］（常に）にすると、トップショット撮影が行われます。数秒間の動画が保存され、その中で一番写りのよい写真が自動で選ばれます。「フォト」アプリでタップすると、別の写真も選択できます。なお、「カメラ」アプリは連写ができないので、トップショットで代用しましょう。

「カメラ」アプリ

撮影者も含めた集合写真を撮影する

「一緒に写る」モードでは、グループ写真を撮影できます。別々に撮影された人物の写真を合成し、全員が1枚の写真に収まった集合写真を保存できます。

1 画面を左右にスワイプして［一緒に写る］モードに切り替え、◯をタップして1枚目の写真を撮影します。

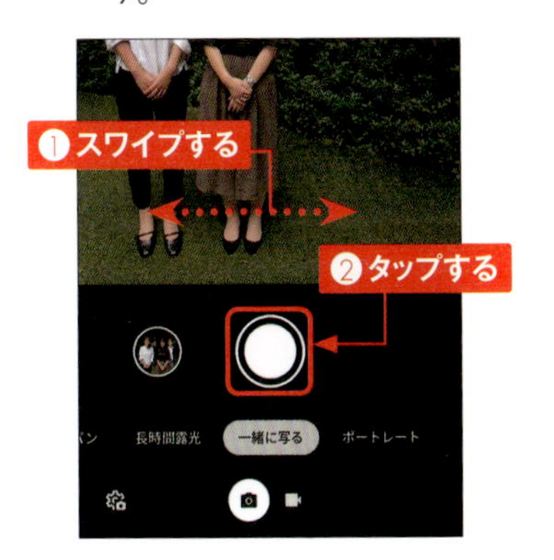

2 Pixelを渡して撮影者のみを撮影範囲内に写し、フレームが白色に変わったら◯をタップして2枚目の写真を撮影します。

3 サムネイルをタップします。

4 手順1と2で撮影した2枚の写真が組み合わされた写真が表示されます。▦をタップすると、すべての写真を見比べることができます。

Section 053

長時間露光で撮影する

「カメラ」アプリ

Pixel 9の長時間露光撮影は、シャッター速度を遅くして、動いている被写体の軌跡を撮影します。夜の自動車を撮影すると、ライトが光線のようになります。通常は、三脚を利用してカメラを固定して撮影しますが、Pixel 9ではデジタル処理で実現しています。

1 画面を左右にスワイプして［長時間露光］モードにして撮影します。

2 「フォト」アプリで撮影した写真を表示します。写真の下にあるサムネイルをタップすると、写真を見比べることができます。

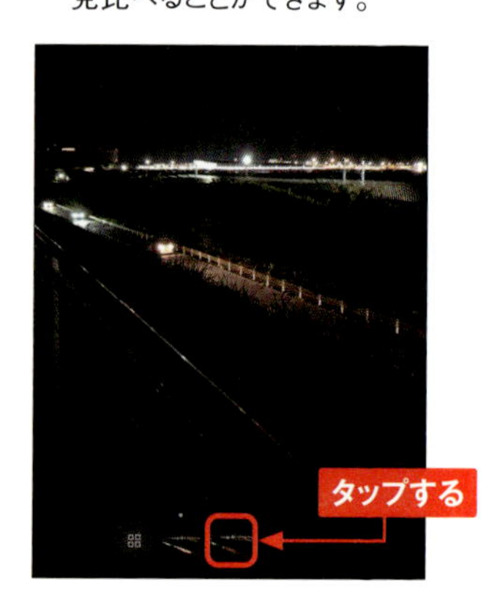

●通常の写真

●長時間露光

3

Section 054

「カメラ」アプリ

ポートレートモードで撮影する

ポートレートモードでは、一眼レフカメラのように背景がボケて人物が引き立つ写真が撮影できます。広角レンズを搭載しているため、複数人での撮影にも適しています。

1 画面を左右にスワイプして［ポートレート］モードにして人物を撮影します。

2 ポートレートモードで撮影した写真で人物が認識されると、「フォト」アプリの編集候補に［ポートレート］［カラーポップ］［モノクロポートレート］が表示されます。

3 ［ポートレート］を適用すると背景のボケが強調され、［カラーポップ］を適用すると被写体はカラーのまま背景がモノクロになります。

TIPS 顔写真加工

ポートレートモードで をタップすると、「顔写真加工」を設定できます。顔を自動判別して、シワや目の陰影を目立たなくし、瞳のハイライトを強調してくれる機能で、［弱］と［スムーズ］（効果大）から選べます。

Section 055

「カメラ」アプリ

夜景モードで撮影する

夜景モードでは、夜景を明るく鮮やかに撮影することができます。通常の撮影よりも時間がかかるため、しばらく本体を動かさずに撮影する必要があります。なお、Pixel 9のカメラは通常のカメラモードでも明るく撮影できるため、イルミネーション程度なら、夜景モードを使わなくとも綺麗に撮影することができます。

1 画面を左右にスワイプして、[夜景モード] に切り替えます。🌙をタップして撮影を開始します。

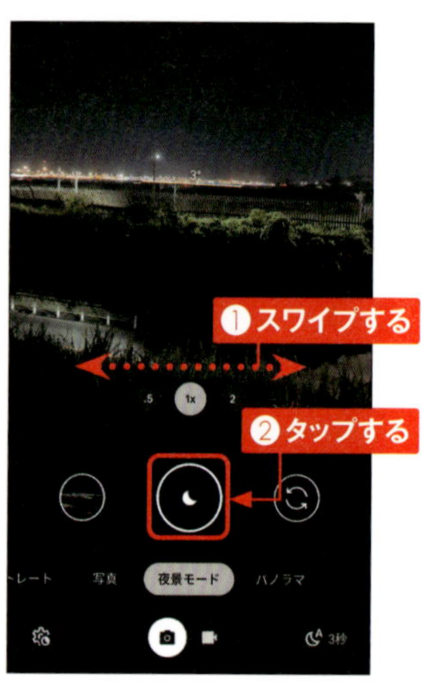

2 本体を動かさずにしばらく待つと、撮影が完了します。

MEMO 天体写真モード

星空の撮影には、天体写真モードを利用しましょう。夜景モードでPixelを固定すると、自動的にシャッターボタンが✦に変わるのでタップして撮影します。また、🌙をタップし、表示されたスライダーを左にスライドして「天体写真」にすると、シャッターボタンが5に変わり、天体写真モードに固定して撮影できます。なお、デフォルトでは5秒のタイマーが設定されているので、シャッターボタンをタップしてから5秒以内にPixelを固定しましょう。

Section 056

「カメラ」アプリ

パノラマ写真を撮影する

「パノラマ」モードで、水平周囲360°をひとつなぎにした写真を撮ることができます。超広角カメラでも収められないような広大な風景が、1枚の写真に収まります。暗い場所では、自動的に夜景モードに切り替わります。

1 画面を左右にスワイプして［パノラマ］モードにし、◯をタップします。

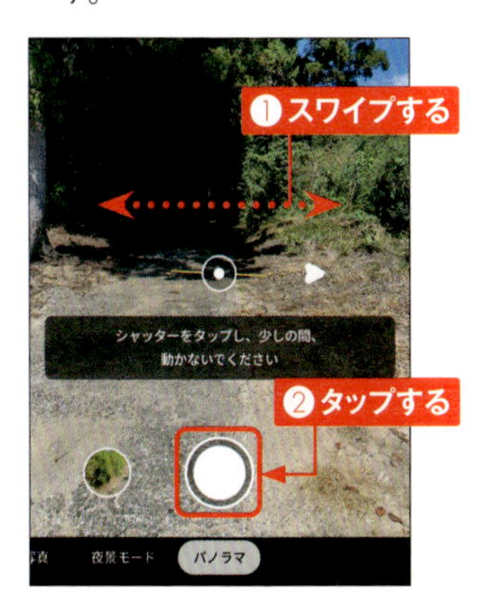

2 表示された矢印の方向にゆっくりとPixel 9を移動します。

3 画面中央の円に矢印の方向に表示される●を合わせながら撮影していきます。

4 撮影したパノラマ写真は、「フォト」アプリで拡大したり左右にスワイプしたりして全体を見ることができます。

3

動画を撮影する

「カメラ」アプリ

「カメラ」アプリは、静止画と同様に、動画でも高画質な撮影ができます。ズーム機能や手ぶれ補正機能もそのまま使えます。通常は、動画モードに切り替えて撮影しますが、カメラモードのまま、シャッターボタンを長押しして動画を撮ることもできます。長押ししている間は撮影され、指を離すと撮影が終了します。

1 「カメラ」アプリを起動し、■をタップし、◉をタップして撮影を開始します。

2 ◉をタップすると、撮影を終了できます。

MEMO 動画の撮影モード

動画の各撮影モードでは、フレームレートや背景ぼけを変更することで、ドラマチックな動画を撮影することができます。

スローモーション	フレームレートを変更することで、1/4倍速と1/8倍速のスロー動画を撮影できる。ゴルフスイング動画など被写体の動きが速い場合は、1/8を選択する
タイムラプス	連続して撮影した写真を合成することで、早回し動画を撮影できる。夜景など変化の遅い被写体の場合は、120倍を選択する
ぼかし	被写体をタップしてから撮影することで、被写体の背景をぼかしたシネマ風の動画を撮影できる
パン	左右に動かしながら撮影すると、手ぶれやフレームレートが調整されたシネマ風の動画を撮影できる

Section 058

動画撮影の手ぶれを補正する

「カメラ」アプリ

Pixel 9では、手ぶれ補正の効果を3種類から選択することができます。適切なものを選択すると、動画を滑らかに撮影できます。

1 「カメラ」アプリを起動し、■をタップします。

2 ■をタップします。

3 手ぶれ補正の種類をタップして選択します。

MEMO 手ぶれ補正の種類

標準	撮影者が歩いたり立ち止まったりしているなど、手ぶれの幅が小さい場合に選択する（デフォルト）
ロック	被写体が画面上で固定される。極力Pixelを動かさずに静止した被写体を撮影する場合に選択する
アクション	撮影者が激しい運動をしているなど、手ぶれの幅が大きい場合に選択する

Section 059

「カメラ」アプリ

Pixel 9 Proのカメラ機能を使う

Pixel 9とPixel 9 Pro ／ 9 Pro XLの一番大きな違いはカメラ性能です。Pixel 9が2眼カメラであるのに対し、Pixel 9 Pro ／ 9 Pro XLは3眼カメラ構成で、光学5倍／ 10倍の望遠カメラが搭載されています。さらに、高いAI処理性能により、Proならではのカメラ機能を利用できます。

超解像ズーム

AI処理で光学倍率以上のズームを実現する「超解像ズーム」の性能が向上し、写真では最大30倍ズーム、動画では最大20倍ズームで撮影が可能です（Pixel 9は写真8倍超解像ズーム、動画はデジタルズームのみ）。

動画ブースト

設定画面の［動画ブースト］をONにすると、撮影した動画をクラウド上にアップロードしてクラウドAIによる処理を行うことで、以下の高画質化を実行できます（アップロードと加工処理に時間がかかります）。ただし、マクロフォーカスとは併用できません。

8K30P動画	動画をアップコンバートして、8K30P動画を生成する
超解像ズーム	超解像ズームで撮影した動画を補正してシャープな動画を生成する
手ぶれ補正	通常の手ぶれ補正よりもさらに強力な補正をかける
ボケ補正	ピントがずれた被写体を補正してシャープな動画を生成する
HDR+	ダイナミックレンジを補正して、明暗差の高い動画を生成する
夜景モード	暗部ノイズを除去して美しい夜景動画を生成する。8K30P動画も生成可能（［動画ブースト］設定とは独立したモード）

プロ設定

写真撮影時、設定画面に「プロ」タブが表示され、本格的な撮影設定が行えます。

解像度	12MP（メガピクセル）と50MPを切り替える。50MPにした場合は、通常撮影と比較して撮影に時間を要する
RAW ／ JPEG	JPEGのみを記録するか、JPEGとRAWを同時に記録するかを切り替える
レンズの選択	手動と自動を切り替える。「手動」に設定した場合は、「UW（超広角カメラ）」、「W（広角カメラ）」「T（望遠カメラ）」の3つのカメラのどれか1つに固定して撮影できる

Pixel 9 Pro ／ 9 Pro XLの写真の編集画面

画面右下の をタップすると表示される編集画面もPixel 9とPixel 9 Pro ／ 9 Pro XLでは異なります。フォーカス、シャッター速度、ISOが追加され、より本格的な撮影が可能になっています。

	すべてリセット	設定がすべてリセットされる
	明るさ	ハイライト部分を中心とした明るさを調整する
	シャドウ	シャドウ部分を中心とした明るさを調整する
	ホワイトバランス	ホワイトバランス（色温度）を調整する
	フォーカス	マニュアルフォーカスが使用可能になる。小窓によるターゲット表示とピーキングが有効化される
	シャッター速度	1／10000 ～ 16秒の間で設定が可能
	ISO	ISO 50 ～ 3200の間で設定が可能

3

Pixel 9 Pro ／ 9 Pro XLの動画の設定画面

Pixel 9 Pro ／ 9 Pro XLの動画モードでは、動画ブーストとマクロフォーカスを利用できます。「カメラ」アプリを起動し、動画モードで をタップします。

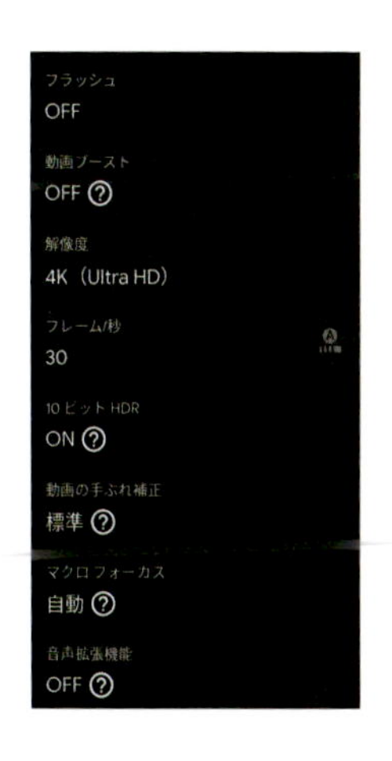

フラッシュ	LEDフラッシュをオン／オフする
動画ブースト	色、照度、手ぶれ、ノイズなどを自動補正した高画質な動画を作成できる（P.78参照）
解像度	1080p、4K、8Kから選択できる
フレーム／秒	自動、24、30、60から選択できる
10ビットHDR	HDR10準拠のHDR動画を撮影できる
動画の手ぶれ補正	撮影者の手ぶれを補正できる（P.77 MEMO参照）
マクロフォーカス	3cmまでの近接撮影動画を撮影できる
音声拡張機能	自撮り撮影などで周囲の騒音を軽減できる

Section 060

「フォトスキャン」アプリ

フォトスキャンで写真を取り込む

「フォトスキャン」アプリを使うと、古い写真や書類などをスキャンしてJPEG画像として取り込むことができます。一般的なスキャナーアプリに比べて操作がかんたんで、自動的に光の反射が除去できるなど、画像が綺麗に取り込めるのが魅力です。

1 Playストアから「フォトスキャン」アプリをインストールして、起動します。

2 スキャンの方法が表示されるので確認して、[スキャンを開始]をタップします。

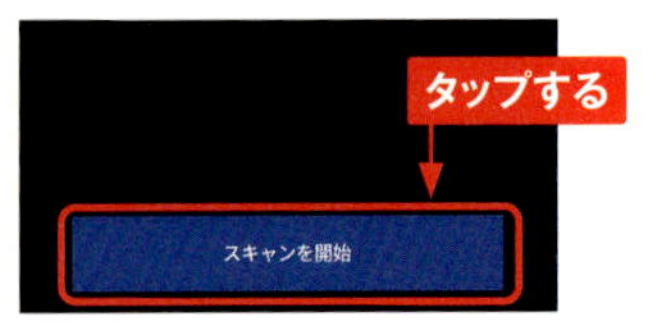

3 取り込む写真にカメラをかざして◯をタップします。

4 画面の指示に従って、円を4つのドットに順番に合わせてスキャンを行います。

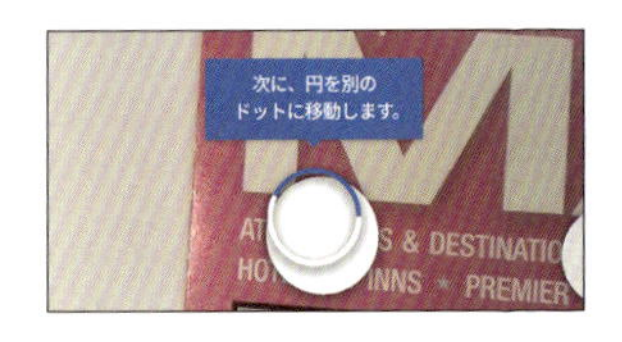

5 サムネイルをタップして、スキャンした画像をタップします。[角を調整]をタップして、トリミングを行います。

MEMO 「拡大鏡」アプリ

「拡大鏡」アプリを使うと、超解像技術を利用して被写体を最大8倍(9 Pro / 9 Pro XLは30倍)まで拡大して表示・保存できます。映像を取り込む際に文字がくっきり見える加工をしてくれるので、掲示板や時刻表などを保存したいときに便利です。

Section 061

「フォト」アプリを活用する

「フォト」アプリ

写真や動画を見たり管理したりするためのツールが「フォト」アプリです。
撮影した写真や動画は、日時や場所などのジャンルごとに自動的にグルーピングされ、Googleドライブにバックアップされます。検索機能を利用したり、アルバムを作って写真や動画を整理したりすると、さらに探しやすくなります。家族や知人とは、アルバムを共有して、お互いに写真を追加しあうと楽しく使えます。
画像の編集機能（加工や効果の適用）では、その写真に最適な補正が提案されるほか、その写真におすすめの編集候補が表示されるので、ワンタップで魅力的な写真に仕上がります。また、クラウドにアップロードして処理する必要がありますが、「編集マジック」でAIを利用したさまざまな加工を楽しむこともできます。

「フォト」アプリで写真を表示して、[編集] をタップすると、その写真に適した編集（補正や効果）の候補が表示されます。左下には「編集マジック」アイコンがあります（Sec.064参照）。

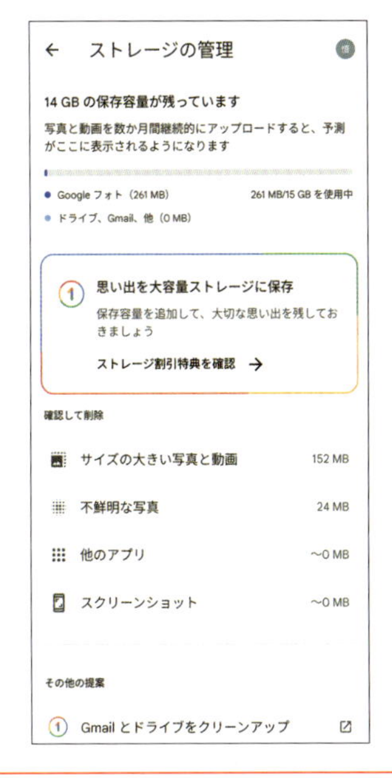

「フォト」アプリで、右上のプロフィールアイコン→［アカウントの保存容量］の順にタップすると、Googleドライブへのバックアップ状況を確認することができます。

3

Section 062

写真を探す

「フォト」アプリ

撮影した写真は、「フォト」アプリ内で、人物、撮影場所、被写体ごとにグルーピングされて探しやすくなっています。また、「フォト」アプリの検索機能を使うと、フリーのキーワードで写真を探したり、写真に写っている文字で探すことができます。

1 「フォト」アプリで［検索］をタップすると、ジャンルごとに写真や動画が分類されています。ジャンルを選んでタップします。

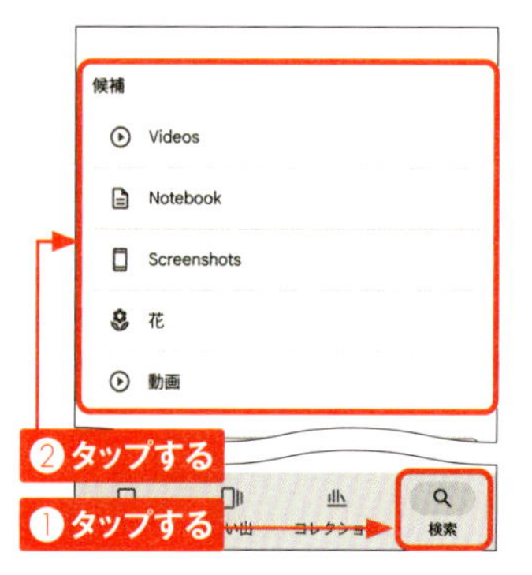

2 そのジャンルのデータが一覧表示されます。

3 手順1の画面で検索ボックスをタップしてキーワードを入力し、✓をタップすると写真が検索されます。

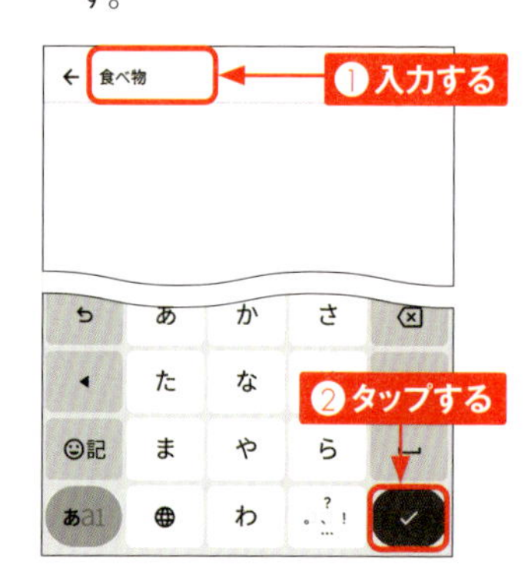

4 写真に写っている文字で検索することもできます。

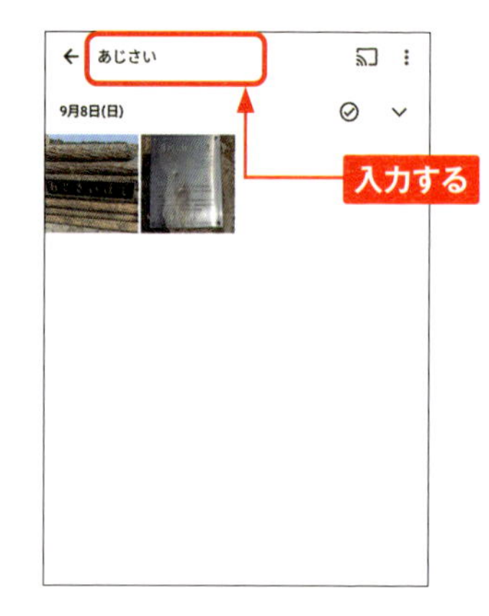

Section 063

写真を編集する

「フォト」アプリ

「フォト」アプリは、写真をさまざまに編集（効果や加工）する画像処理機能を備えています。［補正］をタップすると、AIにより写真が最適に補正されます。また、写真を自動判別して編集の候補が表示されます。

編集候補と編集メニューを使う

1 「フォト」アプリで写真を表示して［編集］→［補正］の順にタップすると、写真が自動補正されます。［コピーを保存］をタップすると、コピーが保存されます。

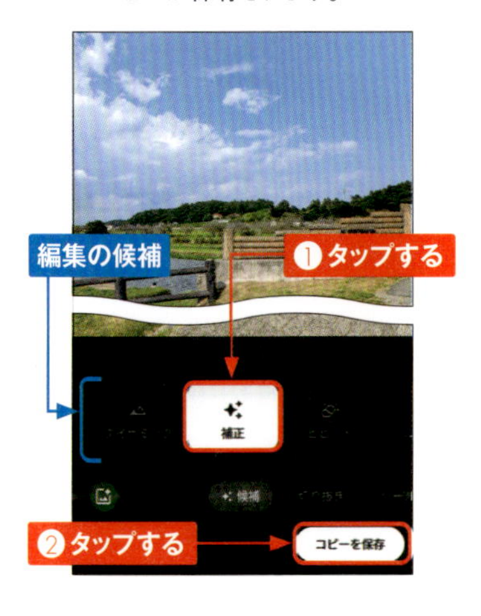

2 候補以外の編集を行う場合は、下段の編集メニューを左右にスワイプして選びます。

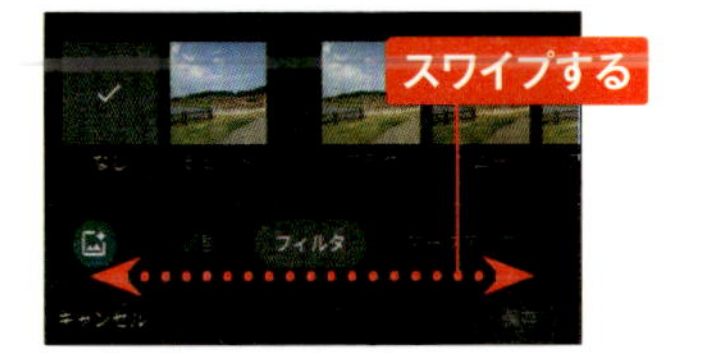

3 編集メニューの［切り抜き］では、写真の大きさの変更や、トリミング、回転などを行うことができます。

4 編集メニューの［調整］では、写真の明るさや色味の変更、ノイズの除去などを行うことができます。

3

フィルタをかける

写真にフィルタをかけると、写真の雰囲気変えたり、美しくより魅力的な写真にしたりすることができます。レトロなイメージになる「フィルム」や「VOGUE」、色味が強調される「ビビッド」「バザール」などのフィルタが用意されています。

1 写真を表示して［編集］をタップします。編集メニューを左にスワイプして［フィルタ］にします。

2 フィルタの種類を選んでタップすると、画面で効果を確認することができます。［コピーを保存］をタップすると、コピーが保存されます。

●「パルマ」

●「オニキス」

消しゴムで不要なものを消す

「消しゴムマジック」を使うと、写真に写り込んでいる不要なものをかんたんに消去することができます。これまで、パソコンの画像編集ソフトでレタッチしていた作業が、Pixel 9で一瞬で自動的に行なうことができます。

1 写真を表示して［編集］をタップします。編集メニューを左にスワイプして［ツール］にし、［消しゴムマジック］をタップします。

2 消去する候補がある場合は自動検出されてハイライト表示になります。消したいものを選んでタップするか、［すべてを消去］をタップします。

3 写真から不要なものが消去されます。［完了］をタップして、場合に応じて［キャンセル］か［コピーを保存］をタップします。

MEMO 消すものを選ぶ

消去する候補がない場合や、ほかに消したいものがある場合は、消したいものを指でなぞるか、なぞって囲んで選択します。

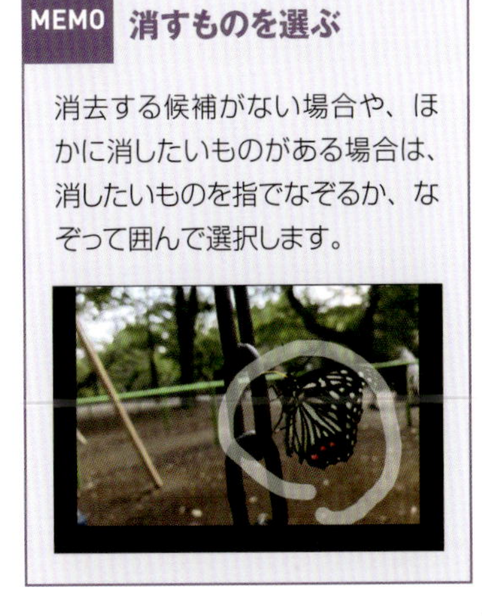

カモフラージュで目立たなくする

「カモフラージュ」を使うと、写真内で色味が違っていて目立つものを周囲の色になじませることができます。

1 P.85手順**2**の画面で[カモフラージュ]をタップし、目立たなくする箇所を指でなぞるか、なぞって囲んで選択します。

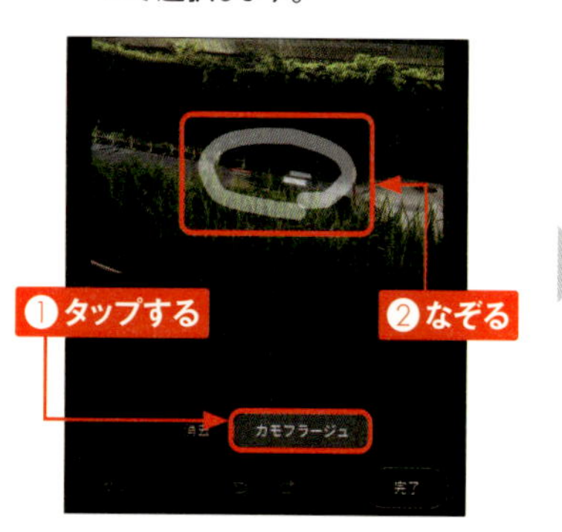

2 周囲の色になじんで目立たなくなります。

ボケた写真を補正する

「ボケ補正」を使うと、手ぶれなどでボケた写真を補正してシャープにすることができます。

1 P.83手順**1**の画面で、[ボケ補正]をタップすると、ボケが補正されます。

2 スライダーを左右にドラッグして補正を調節できます。また写真を長押しすると、元の写真を確認できます。

ベストテイクを利用する

「ベストテイク」を使うと、人物が写っている複数の写真から、それぞれの一番よい表情を選択してそれらを合わせることで、ベストな1枚を作成できます。

1 「フォト」アプリで、人物が写っている複数枚の写真の中から1枚を開いて［編集］をタップします。

2 編集メニューをスワイプして［ツール］にして［ベストテイク］をタップします。

3 表示されている顔の吹き出しから別の表情をタップします。

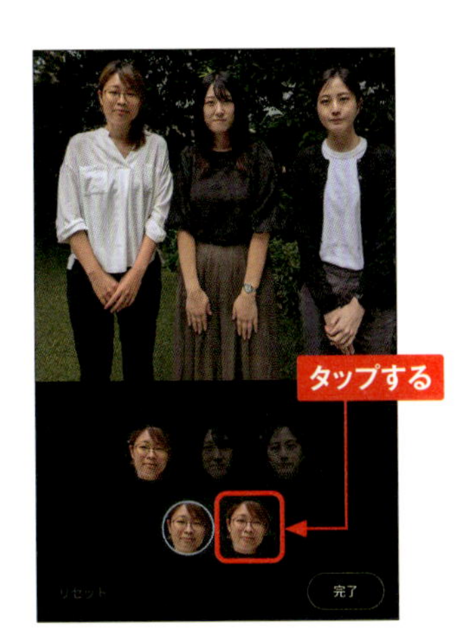

4 編集が完了したら、［完了］をタップします。

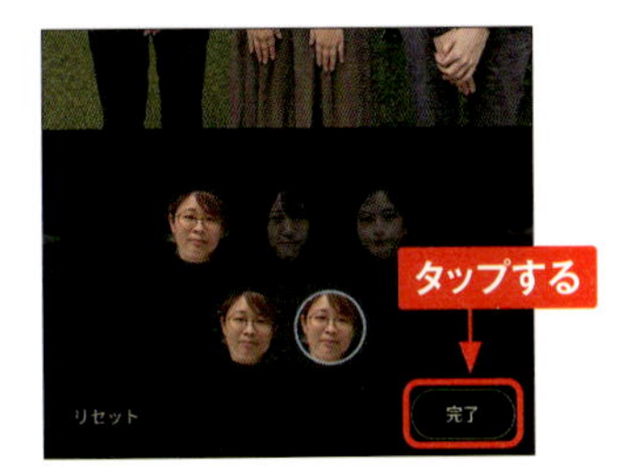

MEMO ズーム画質向上（9 Pro／9 Pro XLのみ）

写真を表示して［編集］をタップし、スワイプして［ツール］をタップして［ズーム画質向上］をタップすると、生成AIを駆使して画質を落とさずに写真を拡大したり細部を補正したりすることができます。

Section 064

編集マジックで写真を加工する

「フォト」アプリ

「編集マジック」は、画像内の被写体の位置やサイズを劇的に変化させることができる編集機能です。なお、この機能を利用するには、編集する写真がGoogleドライブにバックアップされている必要があります。

被写体を移動・拡大・縮小する

1 「フォト」アプリで画像を開き、[編集]→[編集マジック]の順にタップします。

2 被写体を囲む、なぞる、またはタップして選択します。

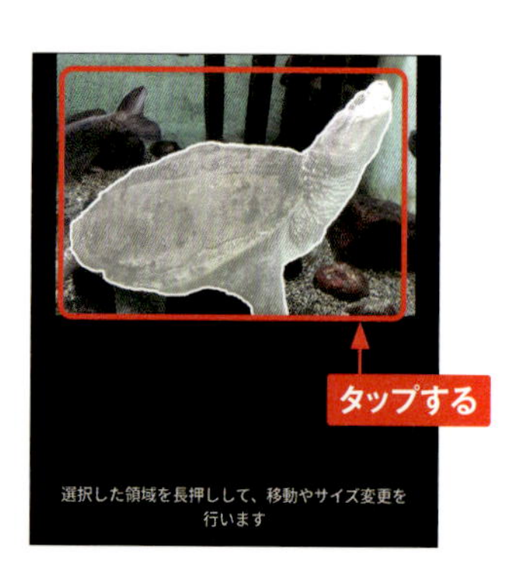

3 被写体を長押しして任意の場所に移動したり、ピンチイン／ピンチアウトをしたりして大きさを変更します。をタップします。

4 画像が複数枚生成されるので、左右にスワイプして選択し、→[コピーを保存]の順にタップします。

背景を自動生成して構図を調整する

「オートフレーム」を使うと、背景を自動生成したり、トリミングしたりすることで、写真の構図を変更できます。

1 P.88手順**2**の画面で→［オートフレーム］の順にタップします。

2 写真に応じた合成画像が複数枚生成されます。

写真にエフェクトを追加する

「イマジネーション」を使うと、テキストを入力してエフェクトを追加したり編集したりできます。

1 P.88手順**2**の画面でエフェクトを追加したい場所を選択し、［イマジネーション］をタップします。

2 追加したいエフェクトの内容を入力し、をタップすると、画像が複数枚生成されます。

Section 065

動画をトリミングする

「フォト」アプリ

「フォト」アプリでは、動画の編集を行うこともできます。動画の長さを自由にトリミングできるほか、手振れを補正したり、回転したりすることもできます。なお、編集した動画は新しいファイルとして保存されます。

1 「フォト」アプリで編集したい動画をタップして表示し、画面をタップして、[編集]をタップします。

2 ▌を左右にドラッグして、トリミングの範囲を選択します。

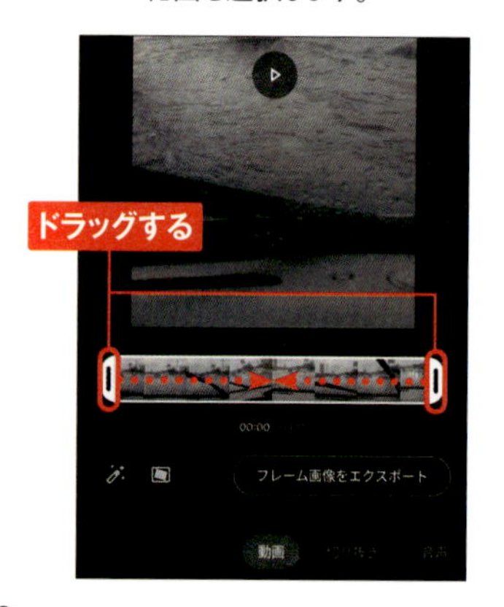

3 [コピーを保存]をタップすると、新しいファイルとして保存されます。

MEMO そのほかの編集機能

手順2の画面で▣をタップすると、手ぶれを補正することができます。一時停止して[フレーム画像をエクスポート]をタップすると、その場面を画像として保存することができます。

Section 066

アルバムで写真を整理する

「フォト」アプリ

「フォト」アプリでは、写真や動画をまとめたアルバムを作成することができます。旅行や場所など、写真の種類ごとにアルバムを作成しておけば、目的の写真をすばやく開いたり、アルバムごとにほかのユーザーと共有したりすることができるようになります。

1 「フォト」アプリで＋をタップし、［アルバム］をタップします。

2 アルバムの名前を入力し、［写真の選択］をタップします。

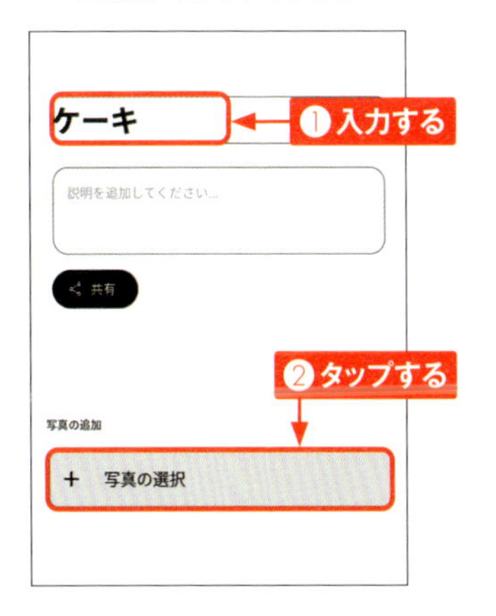

3 写真や動画をタップして選択し、［追加］をタップします。

4 アルバムが作成されます。

3

Section 067

写真やアルバムを共有する

「フォト」アプリ

「フォト」アプリは、写真や動画、アルバムをGoogleアカウントを持っているユーザーと共有することができます。メールやSNSアプリを使わずに、「フォト」アプリで送信と受信が完結します。またアルバムを共有した場合は、共有相手も写真の追加などを行うことができます。

写真を共有する

1 「フォト」アプリで写真やアルバムを表示して、［共有］をタップします。次の画面で［フォトで送信］をタップします。

2 相手のメールアドレスを入力、またはタップして選択し［送信］をタップします。

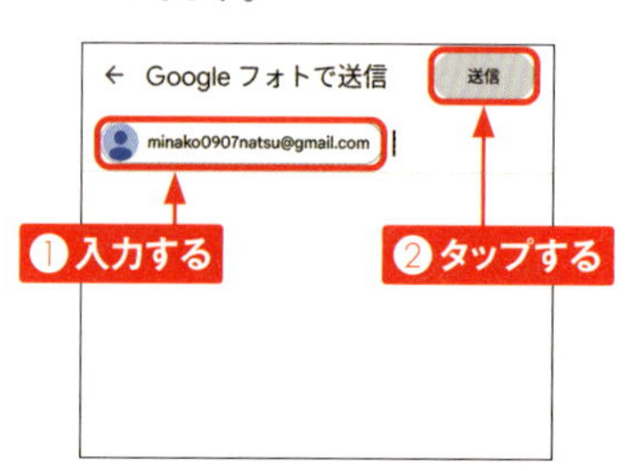

3 必要に応じてコメントを入力して［送信］をタップします。

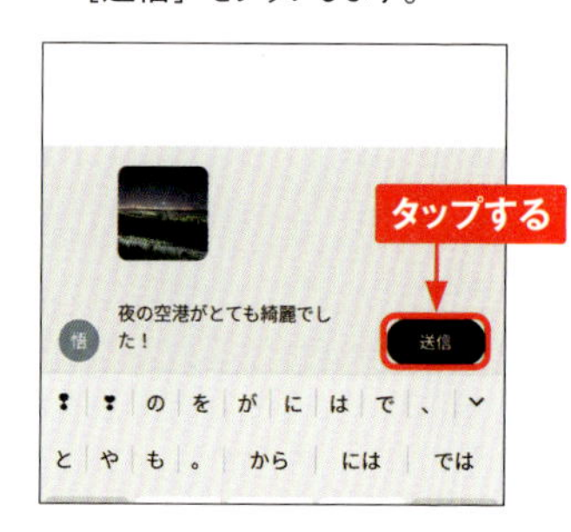

4 共有相手に通知が届きます。共有相手は「フォト」アプリを起動し、画面右上の［共有］をタップします。届いたメッセージをタップして写真を表示します。

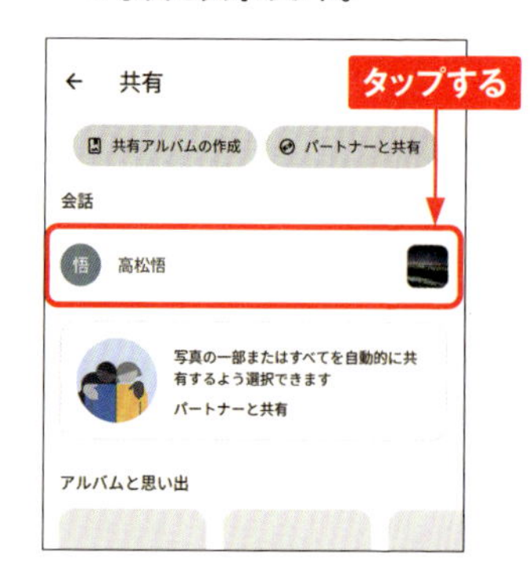

写真をリンクで共有する

共有相手がGoogleアカウントを持っていない場合は、写真のリンクをメールやメッセージ、SNSアプリで送信して写真を共有します。相手がリンクを開くとブラウザで写真が表示されます。相手がGoogleアカウントを持っている場合には、前ページと同様に「フォト」アプリで表示されます。

1 「フォト」アプリで写真やアルバムを表示して、［共有］をタップします。次の画面で［リンクを作成］をタップします。

2 リンクの送信に使うアプリを選び、送信相手を選んで［次へ］をタップします。

3 選んだアプリが起動します。必要に応じてメッセージを追記して送信します。

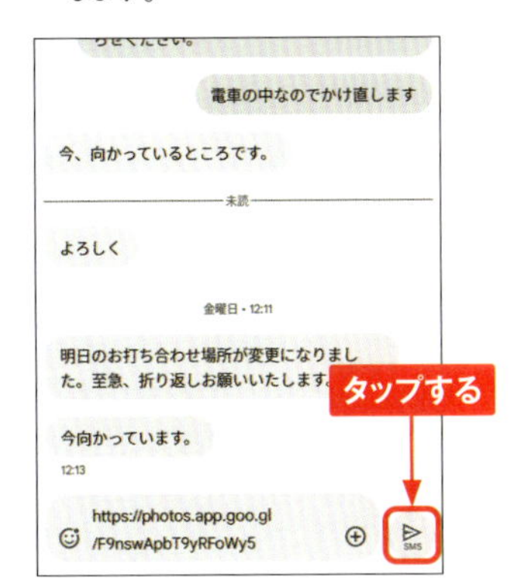

4 リンクを受け取った相手はリンクをタップすると、写真が表示されます。

3

Section 068

写真をロックされたフォルダに保存する

「フォト」アプリ

プライベートな写真や人に見られたくない写真は、「フォト」アプリのロックされたフォルダに保存しましょう。保存した写真は「フォト」や「アルバム」には表示されず、検索できません。ロックされたフォルダは、Pixel 9の画面ロック解除の操作で開くことができます。

1 「フォト」アプリを起動し、[コレクション]→[ロック中]の順にタップします。

2 [ロックされたフォルダを設定する]をタップし、画面ロック解除の操作を行います。バックアップするかしないかを選んで、[アイテムを移動する]をタップします。

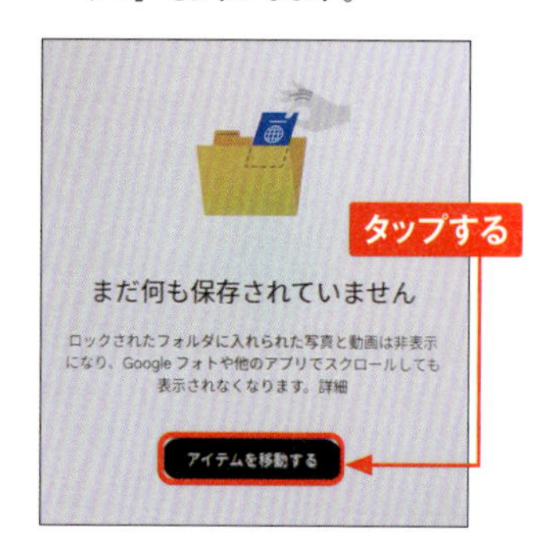

3 写真を選択して、[移動]→[続行]→[移動]の順にタップすると、ロックされたフォルダに保存されます。

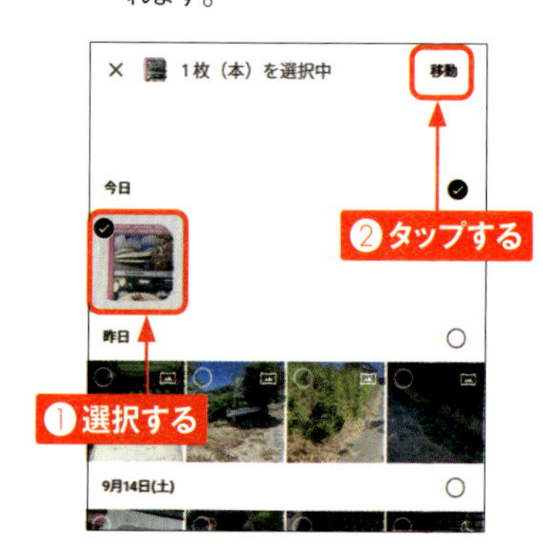

4 ロックされたフォルダを開くときは、手順1の操作を行い、画面ロック解除の操作を行います。をタップすると、写真を追加することができます。

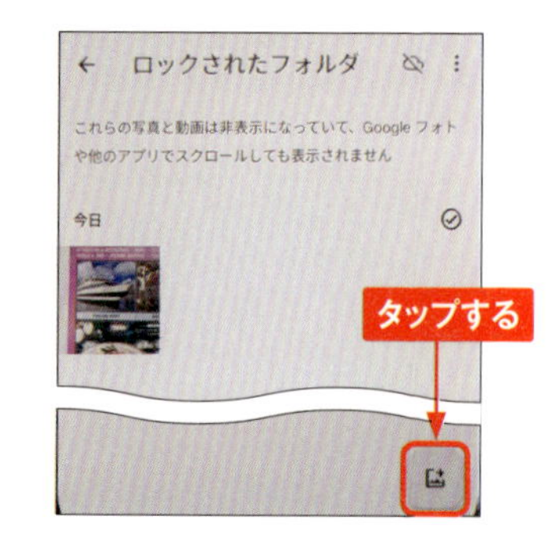

Section 069

YouTubeで動画を視聴する

「YouTube」アプリ

Pixel 9には「YouTube」アプリがインストールされており、世界中の人がYouTubeに投稿した動画を視聴したり、動画にコメントを付けたりすることができます。ここでは、キーワードで動画を検索して視聴する方法を紹介します。

1 「YouTube」アプリを起動して、🔍をタップします。

2 検索欄にキーワードを入力し、🔍をタップします。

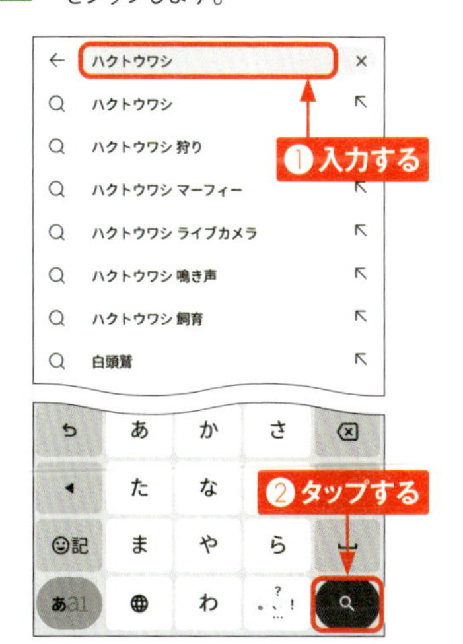

3 検索結果が一覧で表示されます。動画を選んでタップすると、再生されます。

TIPS 視聴中にほかの動画を探す

動画再生画面を下方向にスワイプすることで、動画を視聴しながらほかの動画を探すことができます。

3

Section 070

OS • Hardware

動画に字幕を表示する

自動字幕起こし機能を使うと、Pixel 9で再生中の動画の音声を文字変換して字幕として表示することができます。X（旧Twitter）、YouTube、Podcast、TVerなどで利用可能です。また、字幕をリアルタイムで翻訳することができます。

字幕を表示する

1 ［設定］アプリを起動し、［ユーザー補助］→［自動字幕起こし］の順にタップします。

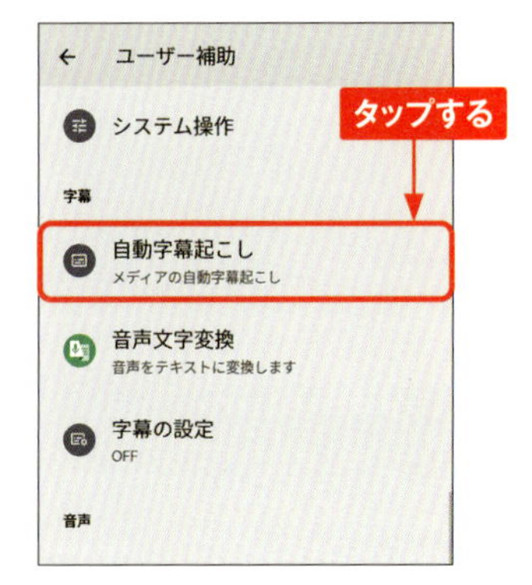

2 ［音量調節で自動字幕起こしボタンを表示］をタップしてオンにします。

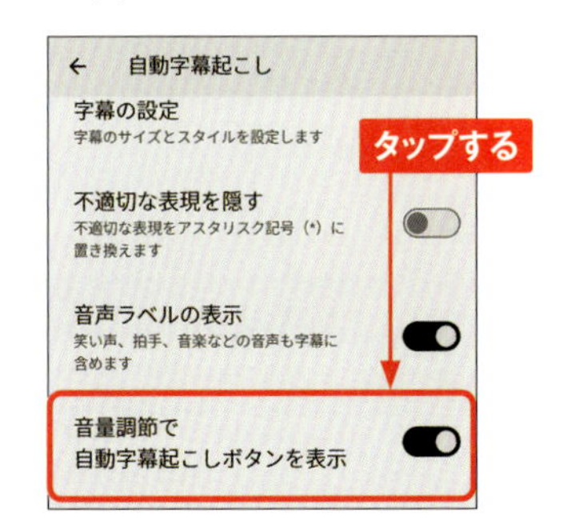

3 動画の再生中に音量ボタンを押し、…→の順にタップします。

4 動画の音声が文字変換されて、字幕がポップアップで表示されます。ポップアップはドラッグで移動することができます。

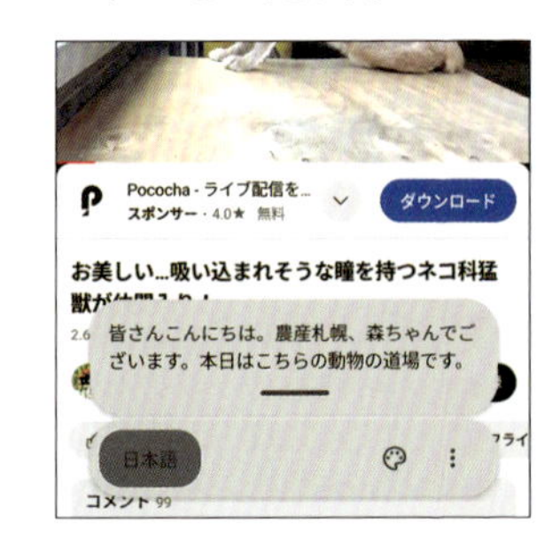

字幕を翻訳する

1 動画の文字起こし中に、字幕のポップアップをタップし、⋮をタップします。

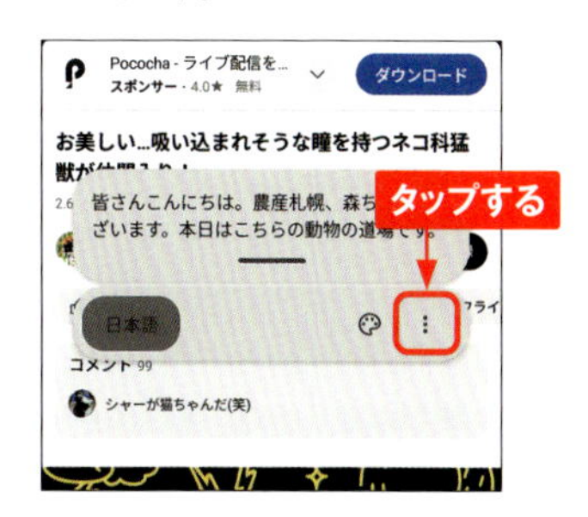

2 ［字幕を翻訳］をタップしてオンにします。

3 翻訳前、翻訳後の言語をタップして選び、［完了］をタップします。

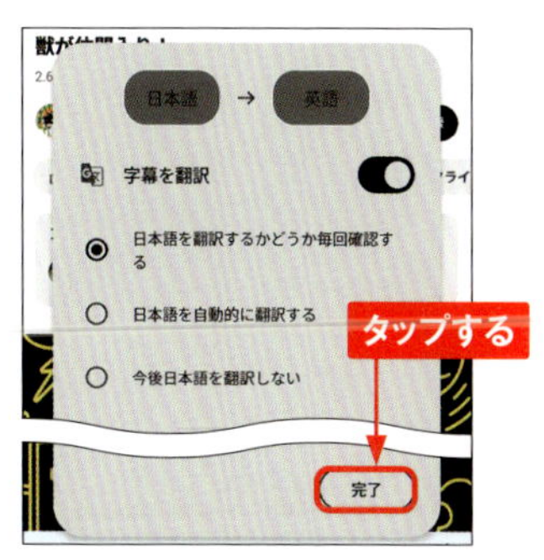

4 字幕がリアルタイムで翻訳されるようになります。

TIPS 対応言語

翻訳できる言語は、英語のほかスペイン語、ドイツ語、フランス語、中国語などです。日本語と英語以外は、初回に言語をダウンロードする必要があります。

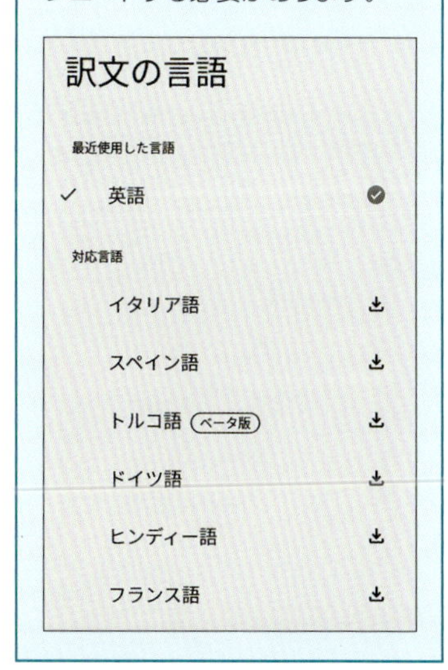

3

Section 071

「レコーダー」アプリ

レコーダーで音声を文字起こしする

「レコーダー」は、周辺の音を録音するボイスメモアプリです。通常の録音だけでなく、録音しながら音声を文字起こししてテキスト化することができます。また、録音した音声を再生しながら文字起こしすることもできます。

1 「レコーダー」アプリを起動して、●をタップすると録音が始まります。

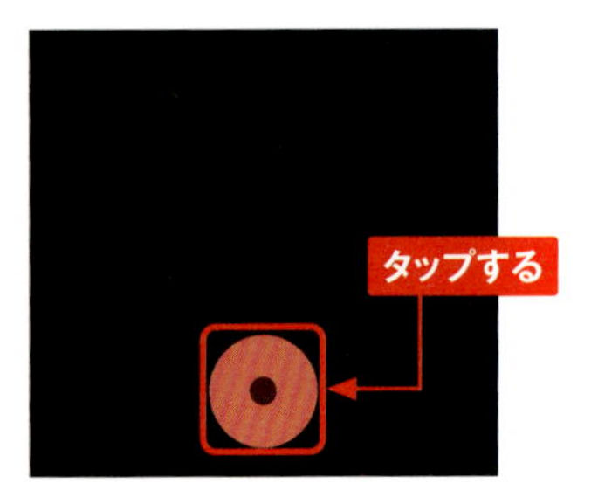

2 ［文字起こし］をタップすると、周囲の音声がリアルタイムでテキストとして表示されます。［保存］をタップします。

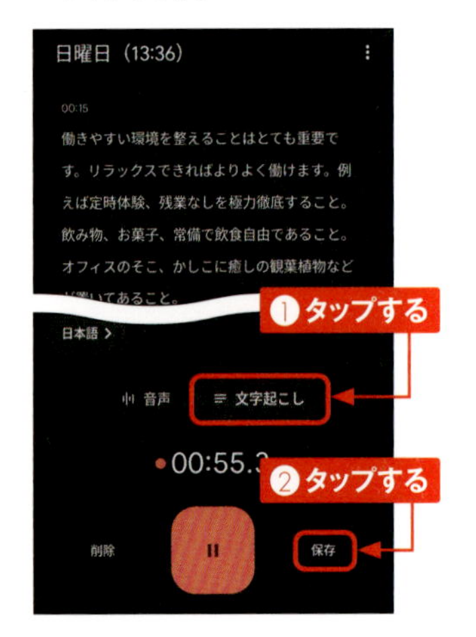

3 保存する場所を選択し、タイトルを追加します。

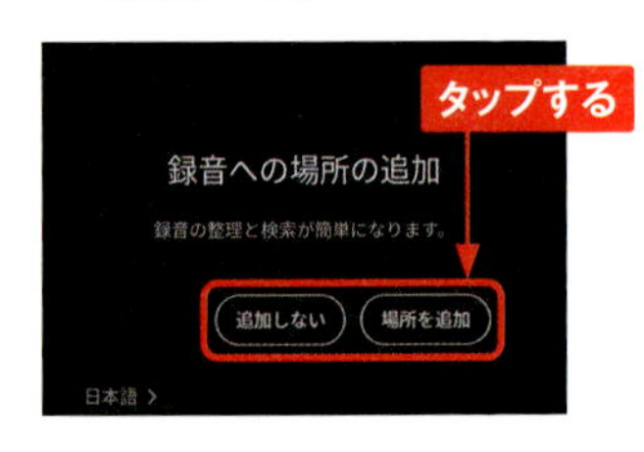

4 録音した音声を選んで、タップすると、再生されます。

TIPS スピーカーラベル

会議など、複数人の会話を録音する際に、自動的に話し手を検出し、個別にラベル付けしてくれる機能です（英語の文字起こしのみで有効）。プロフィールアイコン→［レコーダーの設定］→［スピーカーラベル］の順にタップしてオンにできます。

Section 072

「レコーダー」アプリ

音声消しゴムマジックで雑音を消す

「音声消しゴムマジック」は、動画の音声から風の音や電車の音などの雑音を低減できる機能です。AIが音声の種別を認識して、切り分けることで必要ない音声のみを除去します。

自動でノイズを除去する

1 「フォト」アプリで編集したい動画をタップし、[編集]をタップします。

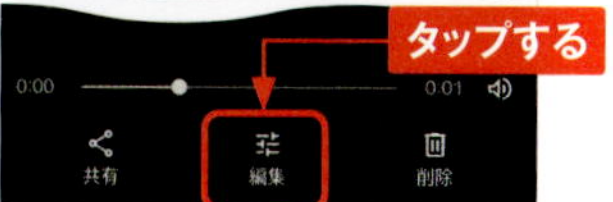

2 [音声]をタップし、[音声消しゴムマジック]をタップします。

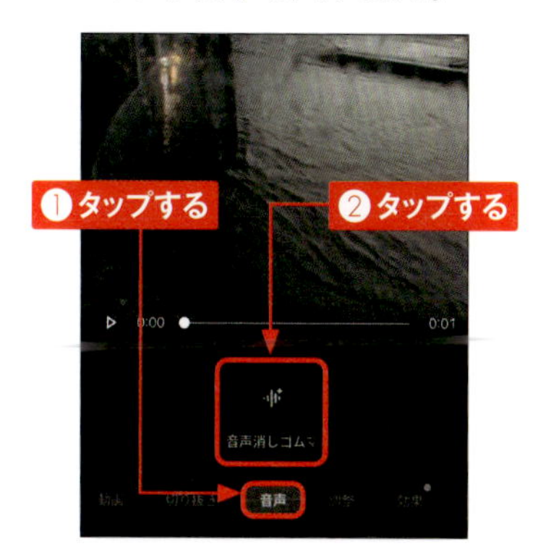

3 音声の種別が表示されます。

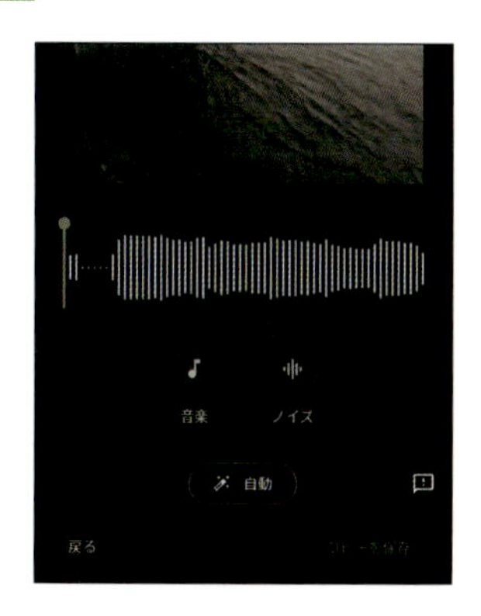

4 [自動]をタップすると雑音が除去されます。編集後の動画を保存する場合は[コピーを保存]をタップします。

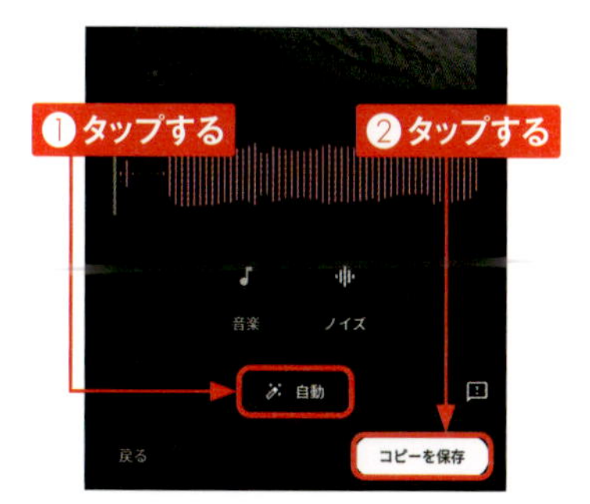

手動で特定の雑音を除去する

1 P.99手順3の画面で除去したい音声の種別をタップします。

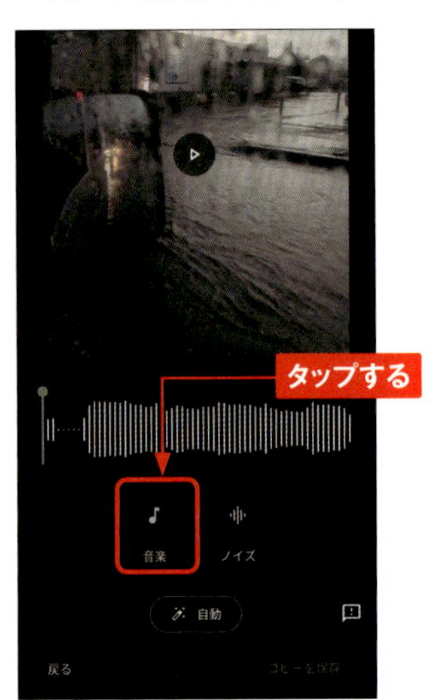

2 スライダーを左右にドラッグして音量レベルを調整します。「−」にすると音量が下がります。［完了］をタップします。

3 同様に、ほかの音声種別で音量レベルを調整します。

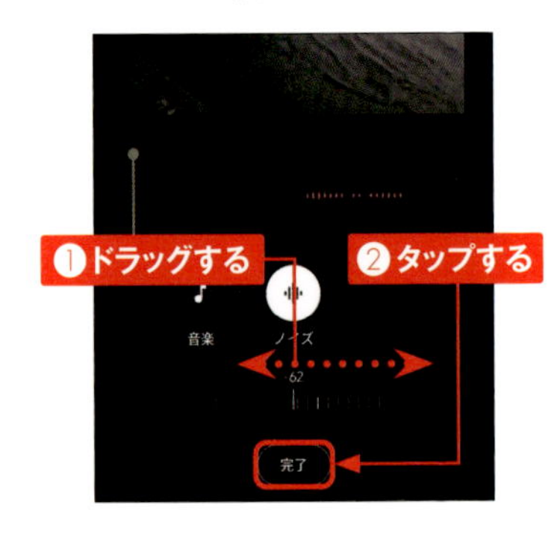

4 動画を再生して編集後の音声を確認したら、［コピーを保存］をタップします。

MEMO 音声消しゴムマジックを使用する際の注意点

動画が2分以上ある場合は音声消しゴムマジック機能を利用できません。また動画内の音声が小さい場合は、AIが音を認識できないため、この機能を使用できないことがあります。

Section 073

「YT Music」アプリ

YT Musicを利用する

「YT Music」アプリを利用すると、1億曲以上の曲からいつでも好きな曲を聴くことができます。無料で利用する場合は、再生できない曲がある、広告が表示されるなどの制限がありますが、有料プラン（YouTube Music Premium）に加入するとフル機能が利用できます。有料プランを初めて利用する場合は最初の1ヵ月は無料で、途中解約もできるので、気軽に試してみるとよいでしょう。

1 「YT Music」アプリを起動します。有料プランを利用する場合は、「個人プラン」の［無料トライアルを開始］をタップします。無料プランを利用する場合は、画面右上の×をタップするか、有料プランの確認画面で［キャンセル］をタップします。

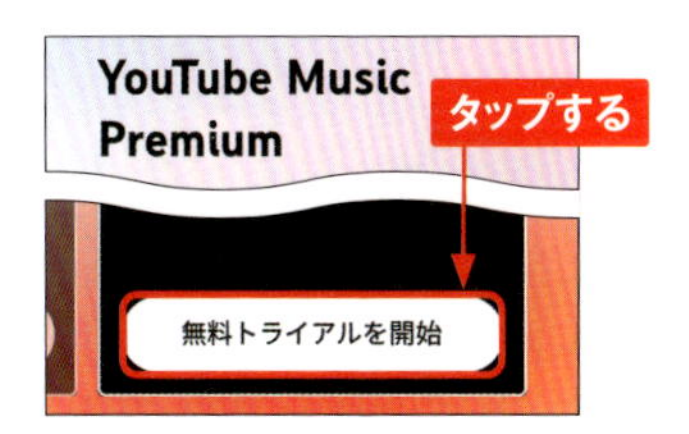

2 お支払い方法を選んで、［定期購入］をタップします。

3 パスワードを入力し、［確認］をタップすると完了します。

MEMO 有料プランの解約

最初の1ヵ月は無料で利用できるので、登録から1ヵ月後の前日までに解約した場合は、登録した支払い方法で課金されることはありません。解約する場合は、右上のプロフィールアイコンから［有料メンバーシップ］→契約中のプラン→［メンバーシップを解約］の順にタップして画面の指示に従って解約します。

Section 074

「YT Music」アプリ

YT Musicで曲を探す

「YT Music」アプリの検索欄で、アーティスト名や曲名、アルバム名などで検索すると、かんたんに曲を見つけることができます。検索した曲は、無料プランの場合は広告を見た後、有料プランの場合はすぐに再生されます。

1 「YT Music」アプリで、画面上部の🔍をタップします。トップ画面で好きなカテゴリをタップして探すこともできます。

2 アーティスト名や曲名などを入力し、🔍をタップします。表示される候補をタップして検索することもできます。

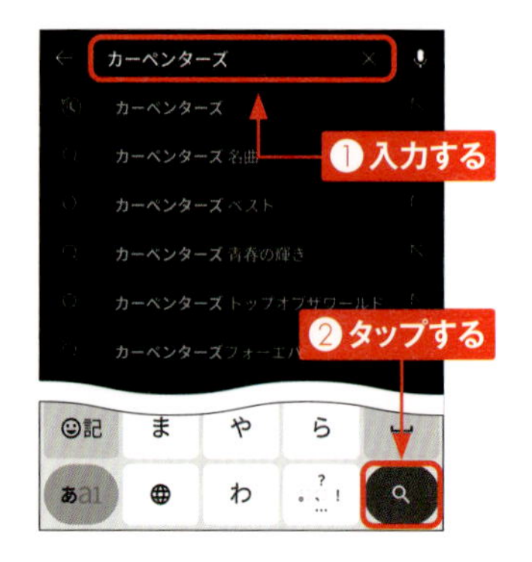

3 画面を上下にスワイプして曲やアルバムなどを探し、聴きたい曲をタップします。

4 曲が再生されます。再生を停止するには、⏸をタップします。

3

Section 075

曲をオフラインで聴く

「YT Music」アプリ

有料プランに加入していると、「YT Music」アプリでは、気に入った曲をダウンロードして再生することができます。ダウンロードした曲は、インターネットに接続していないオフラインでも再生することができます。なお、Googleアカウントからログアウトすると、曲はPixel 9から削除されます。

1 P.102手順4の画面で、曲やアルバムの⋮をタップします。

2 ［オフラインに一時保存］をタップすると、曲がダウンロードされてPixel 9に保存されます。

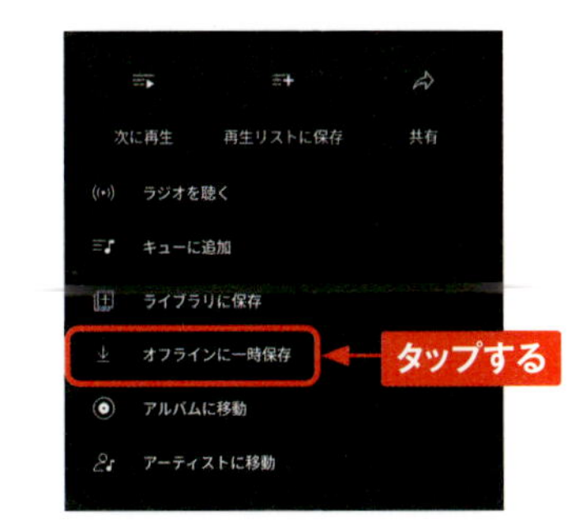

3 ［ライブラリ］→［オフライン］の順にタップします。

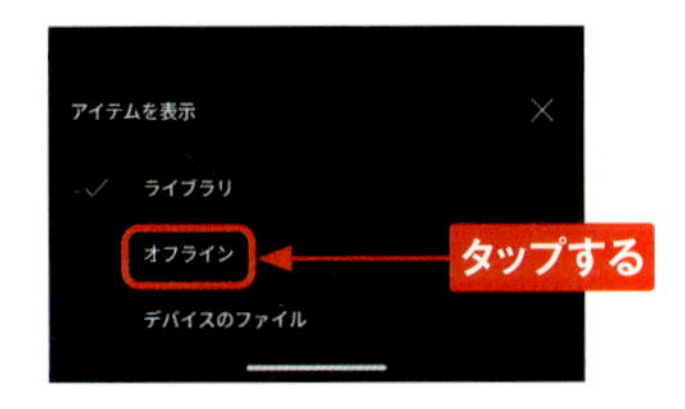

4 ［一時保存済みの曲］をタップします。

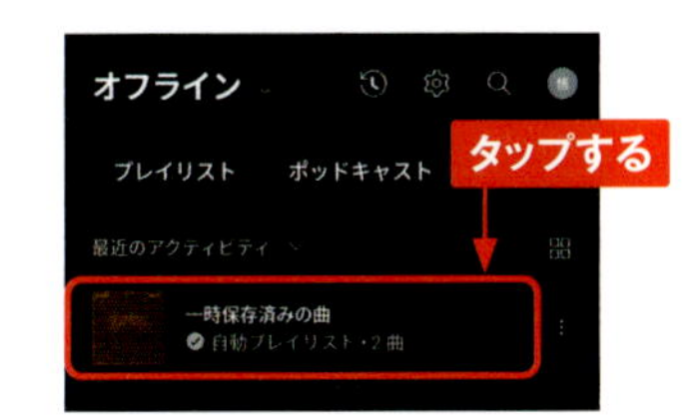

5 一時保存された曲が一覧で表示されます。タップすると再生されます。

OS•Hardware

「この曲なに?」をロック画面に表示する

Pixel 9では、付近で流れている曲を検知して、ロック画面に曲名を表示する「この曲なに?」機能を利用できます。検知した曲は履歴に残るので、後から聴いたり、プレイリストに追加したりすることができます。また、ホーム画面の検索ウィジェットの「マイク」アイコン→［曲を検索］で曲名を調べることもできます。

1 「設定」アプリを起動し、［ディスプレイとタップ］→［ロック画面］→［この曲なに?］の順にタップします。

2 ［近くで流れている曲の情報を表示］をタップしてオンにします。

3 付近で流れている曲を検知すると、ロック画面に曲名が表示されます。

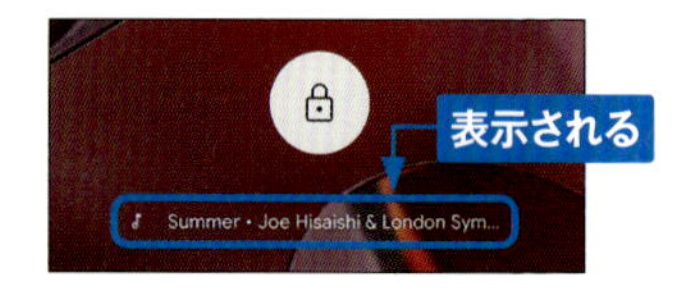

4 手順**2**の画面で［「この曲なに?」の履歴］をタップすると、これまでに検知した曲名が表示されます。

5 手順**4**の画面で曲名を選び、［YouTube Music］をタップすると曲が再生されます。

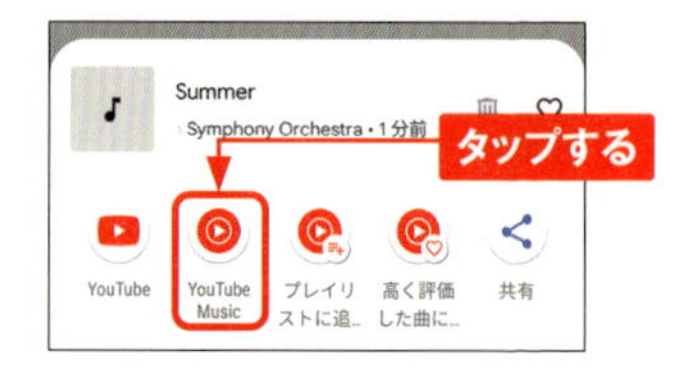

Googleのサービスやアプリの便利技

「Playストア」アプリ

Playストアでアプリを購入する

基本的にAndroidデバイスのアプリは、GoogleのPlayストアからダウンロードしてインストールします。ほかの方法として、Android用のアプリパッケージである、APKファイルをPlayストア以外から入手してインストールすることもできますが、その場合は悪意のあるアプリでないかどうか一層の注意が必要です。

1 「Playストア」アプリを起動し、有料アプリの詳細画面を表示して、アプリの価格が表示されたボタンをタップします。

MEMO Google Play ギフトカードとは

コンビニなどで販売されている「Google Playギフトカード」を利用すると、プリペイド方式でアプリを購入することができます。利用するには、手順3で［コードの利用］をタップします。

2 支払い方法を変更するときは、前回使った支払い方法をタップします。

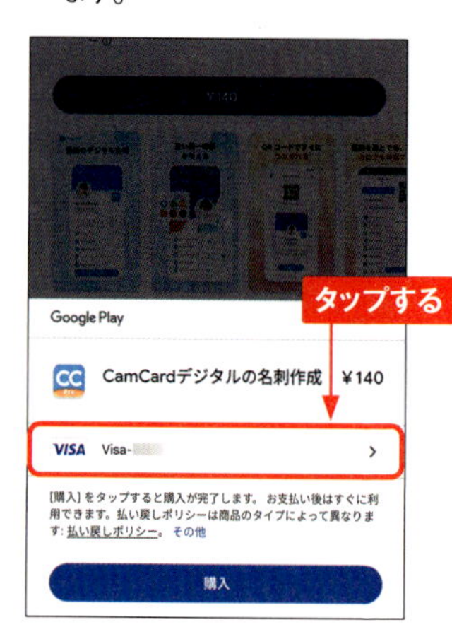

3 支払い方法を選び、手順2の画面に戻ったら［購入］をタップします。

4 Googleアカウントのパスワードを入力し、［確認］をタップします。

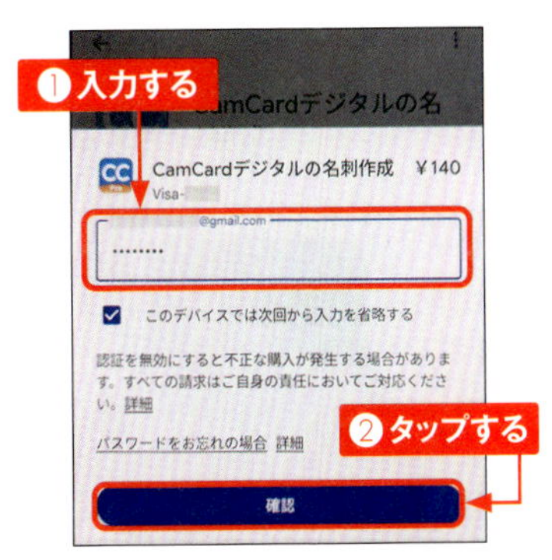

5 Google Play Passを定期購入するかどうかの画面が表示された場合は、［スキップ］をタップします。

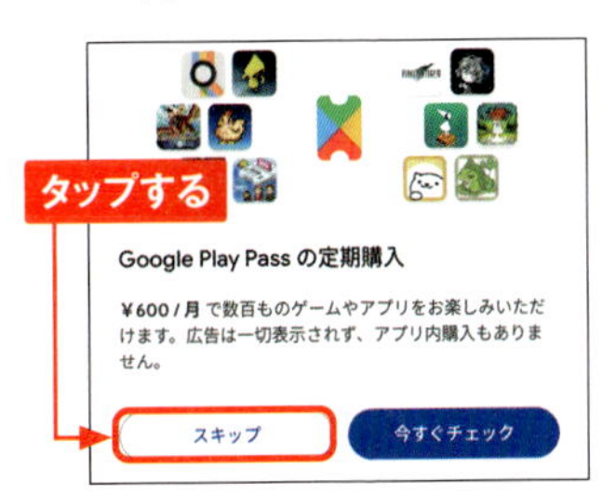

> **MEMO デフォルトのアプリ**
>
> WebブラウザやSMSなど、基本機能を担うアプリをインストールした場合、Google製アプリの代わりに標準アプリとして使う設定ができます。「設定」アプリ→［アプリ］→［デフォルトのアプリ］の順にタップし、変更したいジャンルをタップして、インストールしたアプリを選択します。

6 アプリのダウンロードとインストールが始まります。なお、購入してから48時間以内であれば、アプリの詳細画面→［払い戻し］→［払い戻しをリクエスト］の順にタップすることで、払い戻しを受けることができます。

> **MEMO 定期購入を解約する**
>
> Google OneやYouTube Premiumなどの定期購入（サブスクリプション）や無料試用（トライアル）を解約するには、Playストアの右上のアカウントアイコンをタップし、［お支払いと定期購入］→［定期購入］の順にタップします。定期購入中のサービスが一覧表示されるので、解約するサービスをタップして［定期購入を解約］をタップし、解約手続きを進めます。

Section 078

アプリの権限を確認する

「設定」アプリ

アプリの中には、Pixel 9のサービス（位置情報、カメラ、マイクなど）にアクセスして動作するものがあります。たとえば「Gmail」アプリは、カレンダーや連絡先と連携して動作します。こうしたアプリの利用権限（サービスへのアクセス許可）は、アプリの初回に確認されますが、後から見直して設定を変更することができます。

アプリの権限を確認する

1 「設定」アプリを起動します。[アプリ] → [○個のアプリをすべて表示] の順にタップします。

2 権限を確認したいアプリ（ここでは[Gmail]）をタップします。

3 [権限] をタップします。

4 アプリ（Gmail）がアクセスしているサービスを確認することができます。サービス名をタップして、アプリ（Gmail）への許可、許可しない、アプリの使用中のみ許可などを変更することができます。

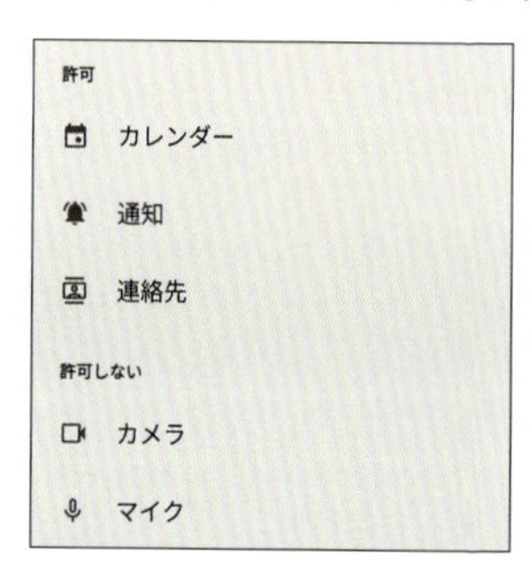

4

Section 079

「設定」アプリ

サービスから権限を確認する

「設定」アプリの権限マネージャを利用すると、サービス側からどのアプリに権限を与えているか（アクセスを許可しているか）を確認することができます。悪意のあるアプリに権限を与えていると、位置情報、カメラ、マイクなどのサービスから、プライバシーに関わる情報が漏れる可能性があります。

1 「設定」アプリを起動します。［セキュリティとプライバシー］→［プライバシー管理］→［権限マネージャ］の順にタップします。

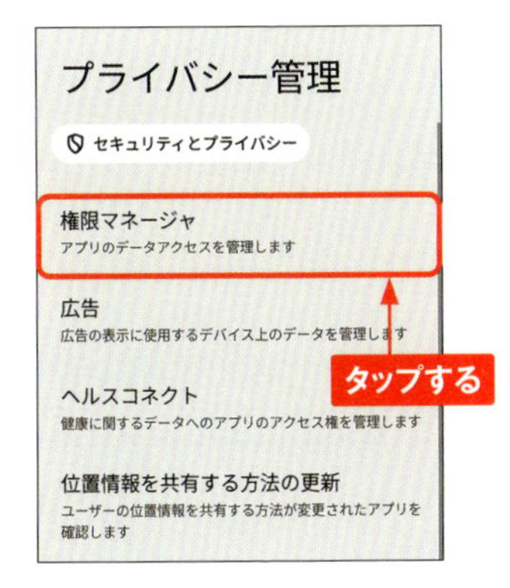

2 サービス（ここでは位置情報）をタップします。

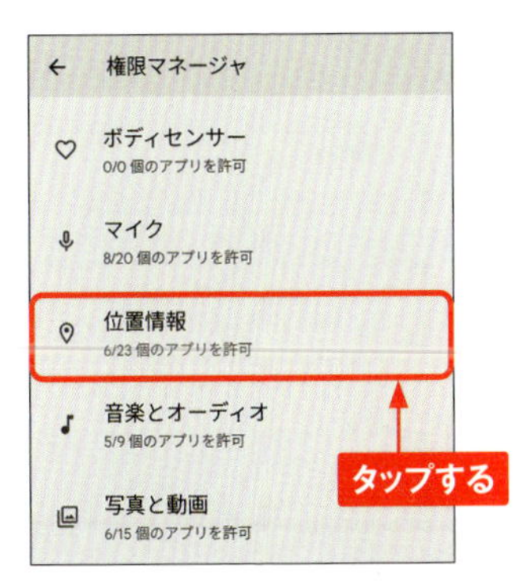

3 サービスにアクセスするアプリが「常に許可」「使用中のみ許可」「毎回確認する」「許可しない」に分かれて表示されます。

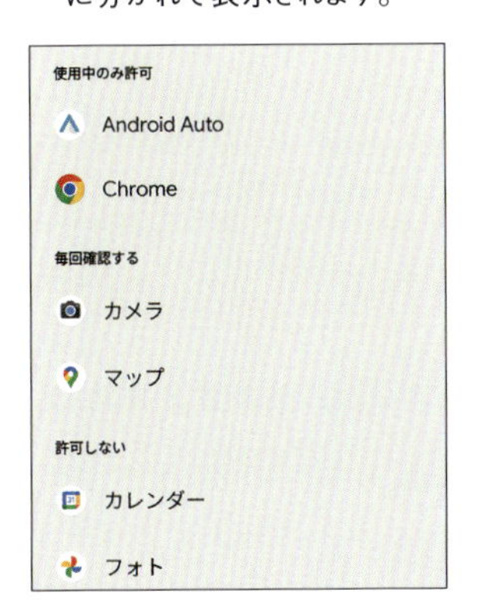

4 アプリ名をタップすると、そのアプリに対する権限が表示され、変更することができます。

4

Section 080

「設定」アプリ

プライバシーダッシュボードを利用する

「設定」アプリのプライバシーダッシュボードを利用すると、過去24時間にプライバシーに関わるサービスにアクセスしたアプリを調べることができます。またいずれかのアプリが、カメラとマイクにアクセスしているときには、画面右上にドットインジケーターが表示されます。

1 「設定」アプリを起動します。[セキュリティとプライバシー] → [プライバシーダッシュボード] の順にタップします。

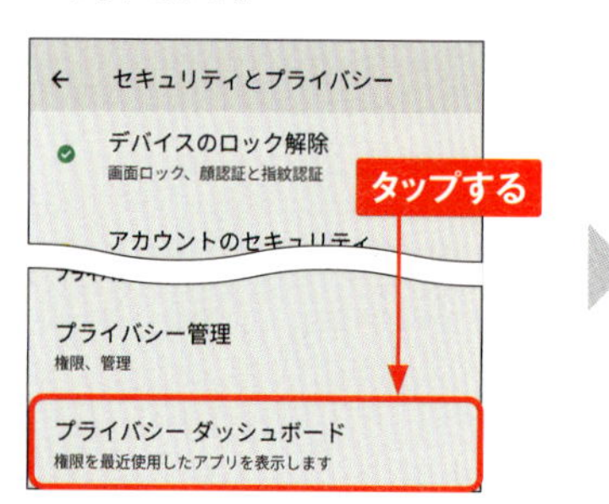

2 プライバシーダッシュボードで、24時間内にカメラ、マイク、位置情報にアクセスしたアプリを確認することができます。

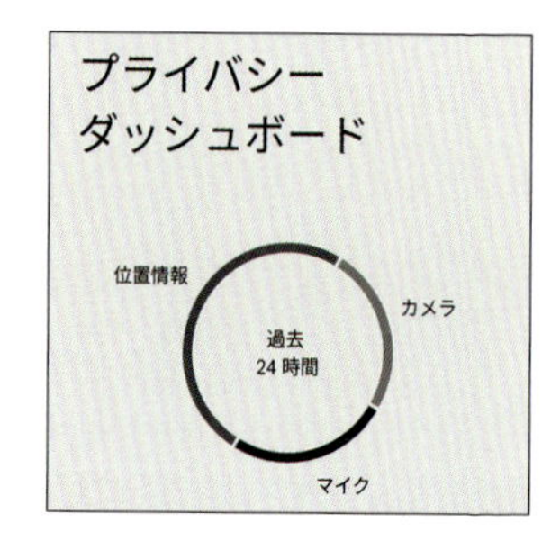

MEMO カメラやマイクへのアクセス

アプリがカメラやマイクにアクセスすると、画面の右上にドットインジケーターが表示されます。画面を下方向にスワイプすると、アイコン表示に変わり、タップするとカメラやマイクにアクセスしているアプリを確認することができます。
いずれかのアプリから、カメラやマイクが不正にアクセスされていると判断したときには、クイック設定の [カメラへのアクセス使用可能] [マイクへのアクセス使用可能] をタップすることで、即座にブロックできます。

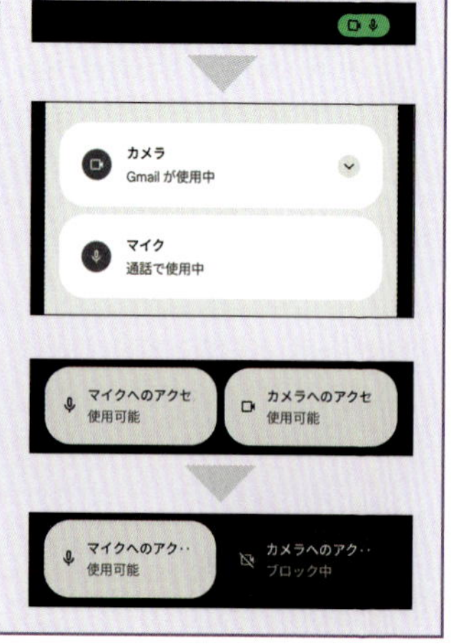

Section 081

デジタルアシスタントを設定する

「Gemini」アプリ

「Google Pixel 9」シリーズでは、デフォルトのGoogleデジタルアシスタントが「Googleアシスタント」ではなく生成AIモデルの「Gemini」となっています。単純なWeb検索のほか、写真の共有、文章生成などができます。ここでは、GeminiとGoogleアシスタントを切り替える方法を解説します。

1 「設定」アプリを起動し、[アプリ]をタップします。

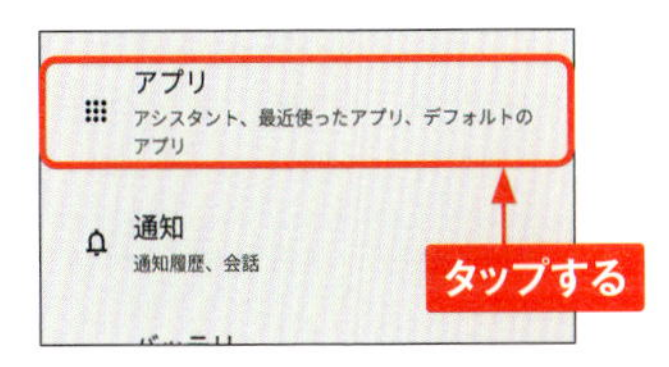

2 [アシスタント]をタップします。

3 [Googleのデジタルアシスタント]をタップします。

4 [Googleアシスタント]→[切り替える]の順にタップして切り替えます。

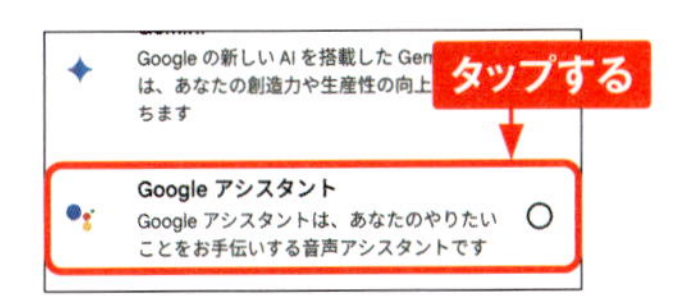

MEMO GeminiとGoogleアシスタントの違い

「Gemini」は最新の生成AIですが、現時点では「Googleアシスタント」だけで利用できる機能もあります。目的に応じて使い分けましょう。

指示する内容	Gemini	Googleアシスタント
AIによる文章生成・要約	○	×
最新のニュースの検索	×	○
アプリに対する操作	△	○
連携中のデバイスの操作	△	○

4

ルーティンを利用する

Googleアシスタントに「ルーティン」を設定すると、ひと言で複数の操作を行うことができます。たとえば、「おはよう」と話しかけて、天気の情報、今日の予定を確認、ニュースを聞くといったことが一度にできます。また、指定した時刻や、指定した場所を訪れたときをトリガーとして設定することもできます。

1 ［設定］アプリを起動し、［アプリ］→［アシスタント］の順にタップします。

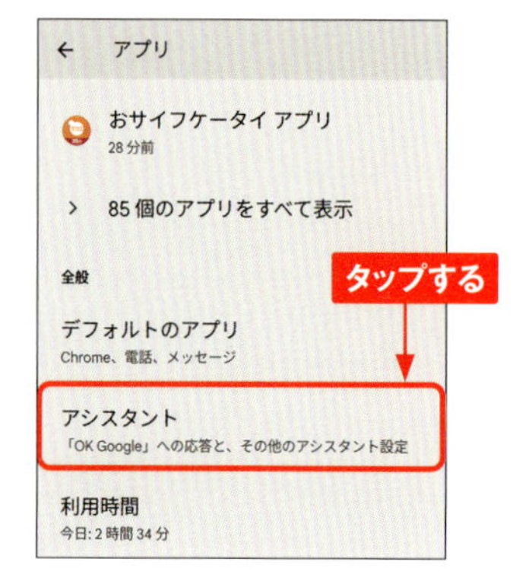

2 ［ルーティン］をタップします。

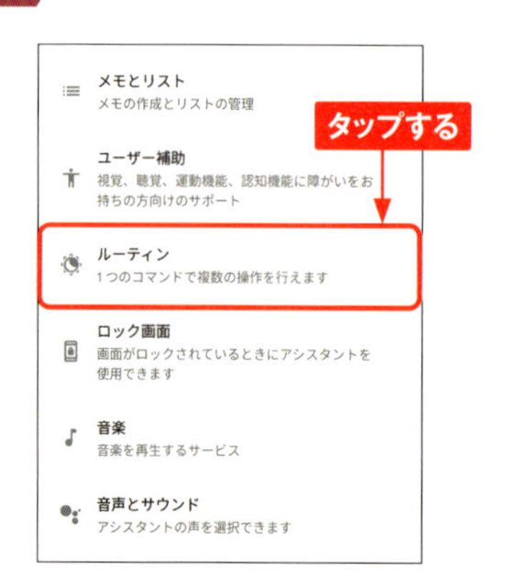

3 初回は［始める］をタップし、設定したい掛け声（ここでは［おはよう］）をタップします。

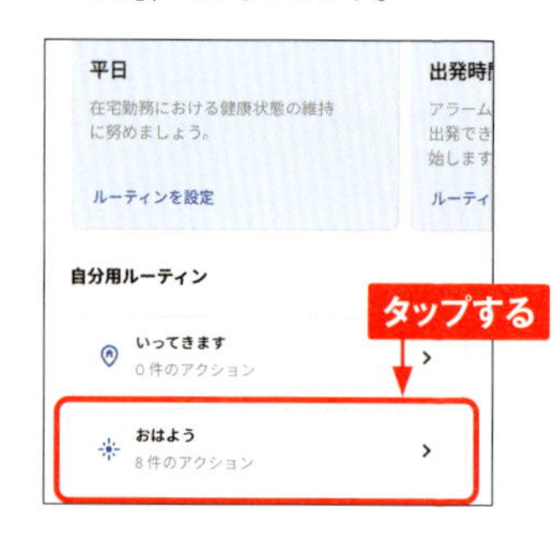

4 追加したいアクションを選択して［保存］をタップすると設定が完了します。なお、手順3の画面で［新規］をタップすると、新規にルーティンを作成できます。

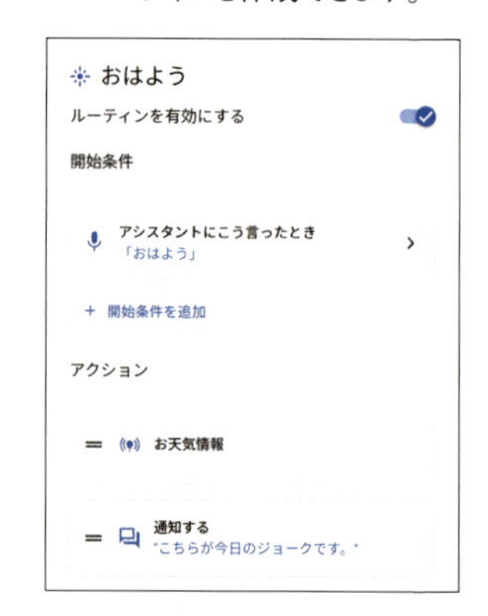

Section 083

「Gemini」アプリ

ショートカットを利用する

ショートカットを作成すると、「OK Google ～」と話しかけたときに、特定のアプリを操作できるようになります。よく使うアプリは、話しかけるだけで起動できるようになり便利です。

1 P.111手順3の画面で、［ショートカット］をタップします。

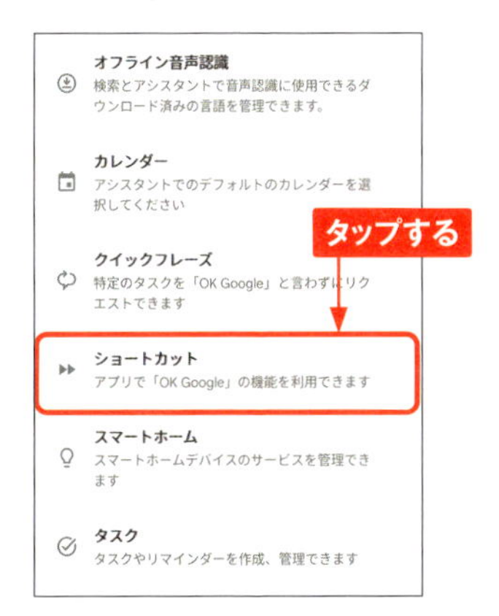

2 作成するショートカット（ここではマップの［「職場」］）をタップします。

3 ✎をタップし、マップで表示したい場所（ここでは「職場」）を入力して［Save］→［Save］の順にタップします。

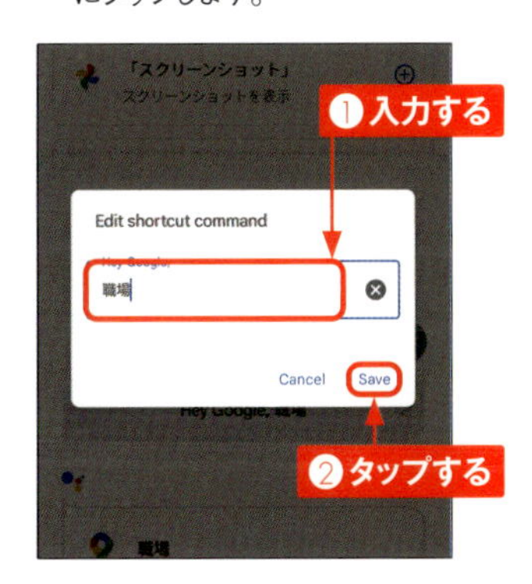

4 電源ボタンを長押ししてGeminiを起動し、「OK Google 職場」と話しかけると、現在地からSec.095で登録した職場までのルートが表示されます。［Googleマップ］をタップすると、「マップ」アプリが起動します。

4

Section 084

「Gemini」アプリ

Geminiに質問する

Geminiは、Googleが開発した最新の生成AIです。Googleアシスタントの検索が単なるWeb検索なのに対して、Geminiは質問に対する最適な回答を文章で生成します。そのほかに、文章の要約、翻訳、画像解析などのタスクを実行することができます。

1 電源ボタンを長押しするか、「すべてのアプリ」画面からGeminiを起動し、Geminiにプロンプトを音声入力（またはキーボード入力）します。

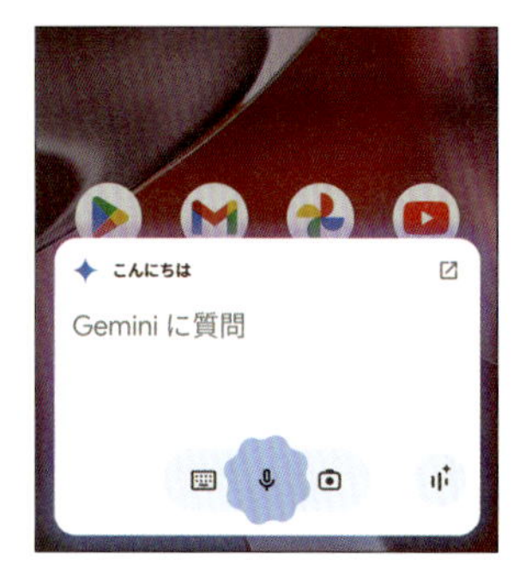

2 回答が生成され、音声で読み上げられます。⏸をタップすると音声が停止し、↗をタップすると全画面表示になります。

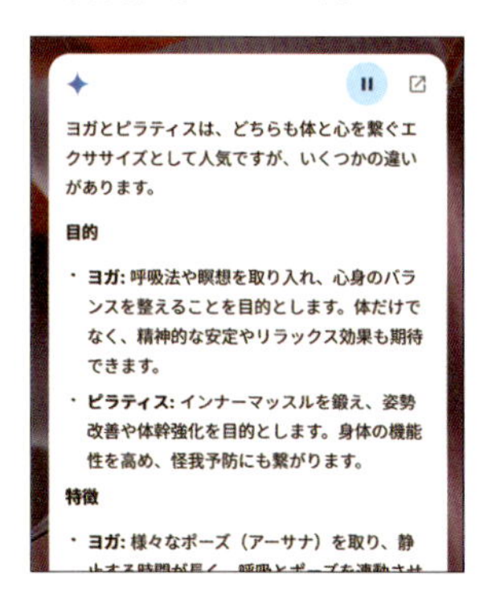

3 🎤をタップし、続けてプロンプトを音声入力すると、先のやりとりを踏まえて回答が生成されます。

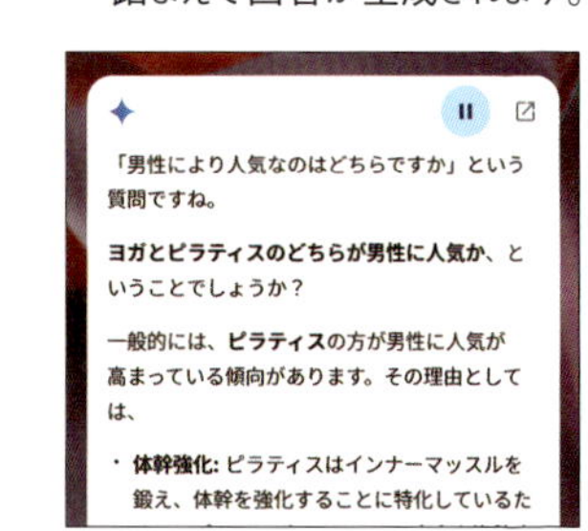

TIPS 回答を利用する

生成された回答を長押しするとポップアップが表示されます。メールやほかのアプリと共有したり、テキストをコピーして利用することができます。

Gemini Advancedにアップグレードする

1 「Google One」アプリを起動し、≡→［設定］の順にタップします。

2 ［メンバーシップにアップグレード］をタップします。

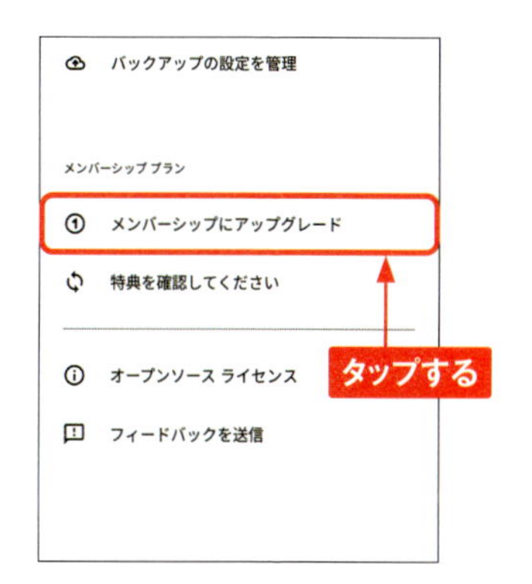

3 ［月単位］をタップし、「AIプレミアム」の［トライアルを開始］→［同意する］の順にタップします。

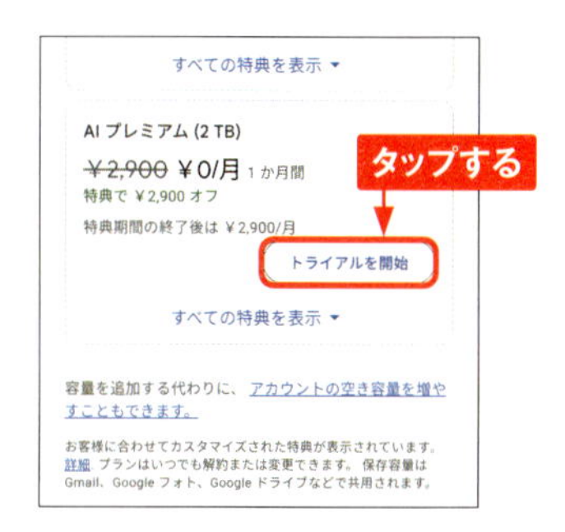

4 ［定期購入］をタップすると、Google One AIプレミアムプランにアップグレードされ、Gemini Advancedを利用できるようになります。なお、本書執筆時は、1ヵ月間の無料試用（Proは6ヵ月間）が可能です。

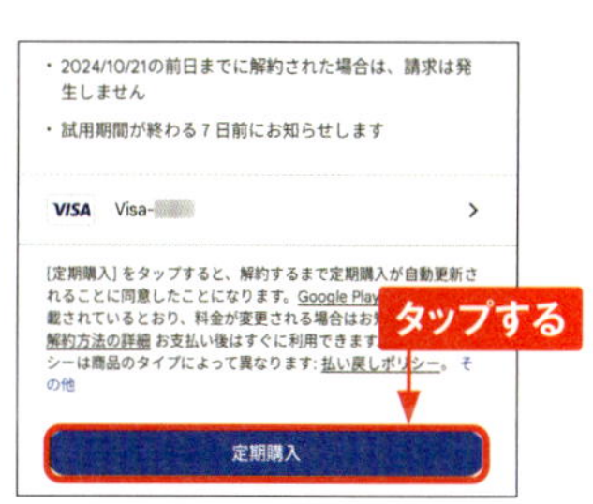

Gemini Advancedで使える機能の一部

Gemini 1.5 Pro	100万トークンのコンテキストウィンドウを利用でき、高度な検索・分析や推論が可能
Gem	オリジナルのチャットボット作成機能。ワークフローを最適化できる
Imagen 3	画像生成AI。フォトリアルな画像を生成できる（2024年10月時点で人物画像は生成できません）
「YouTube」アプリ	視聴中の動画の要約や内容に関する質問ができる

「Gemini」アプリ

Gemini Liveで会話する

「Gemini」アプリでは、「Gemini Live」機能を利用してGeminiと自然な音声会話ができます。音声会話をしながら、アイデアをまとめたり、インターネットの情報を要約したりすることが可能です。

1 Geminiを起動し、画面右下の をタップします。

2 初回は、使用上の注意事項が表示されます。[OK] をタップします。

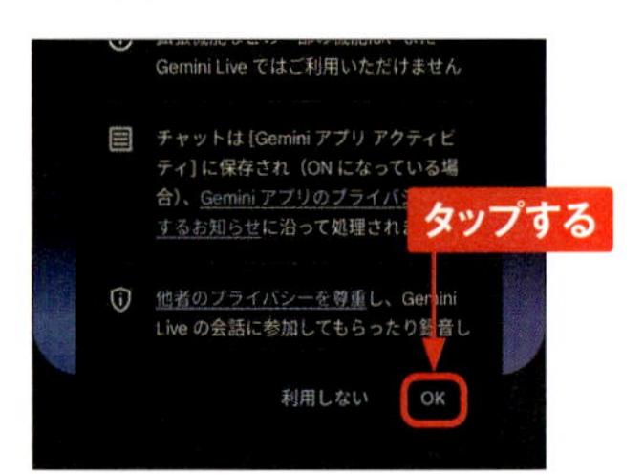

3 会話する声を10種類から選べます。左右にスワイプして選んでから、[開始] をタップします。

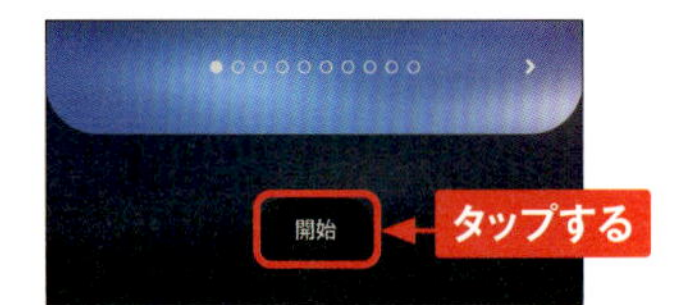

4 Geminiとの会話がスタートします。会話を終了する場合は [終了] をタップします。

5 文字起こしされた会話内容が表示されます。

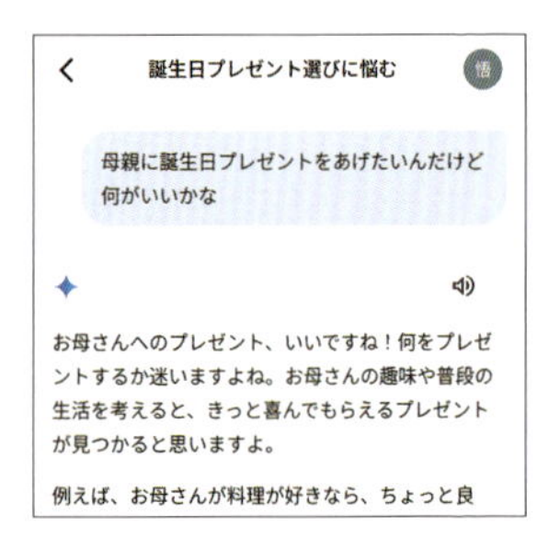

MEMO Geminiの音声を変更する

Geminiの声をあとから変更するには、「Gemini」アプリを起動して右上のプロフィールアイコンをタップし、[設定] → [Geminiの音声] の順にタップします。左右にスワイプして決定し、前の画面に戻ります。

Section 086

「Gmail」アプリ

Gmailにアカウントを追加する

「Gmail」アプリでは、登録したGoogleアカウントをそのままメールアカウントとして使用しますが、Googleアカウントのほか、OutlookメールやYahoo!メールなどのアカウントも、Gmailで利用できます。

1 「Gmail」アプリを起動し、右上のプロフィールアイコンをタップして、[別のアカウントを追加]をタップします。

2 使用したいメールアカウントの種類（ここでは［Yahoo］）をタップします。

3 メールアドレスを入力し、［続ける］をタップして、次の画面でパスワードを入力して［次へ］をタップします。

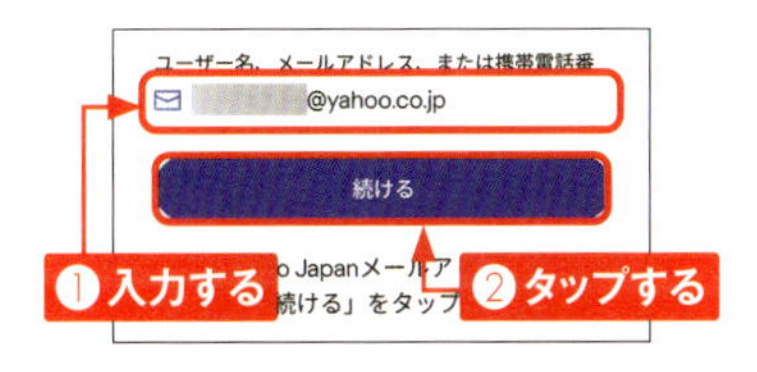

4 オンにしたいオプションを選択し、［次へ］をタップして、アカウント名と名前を入力し、［次へ］をタップすると、アカウントが追加されます。

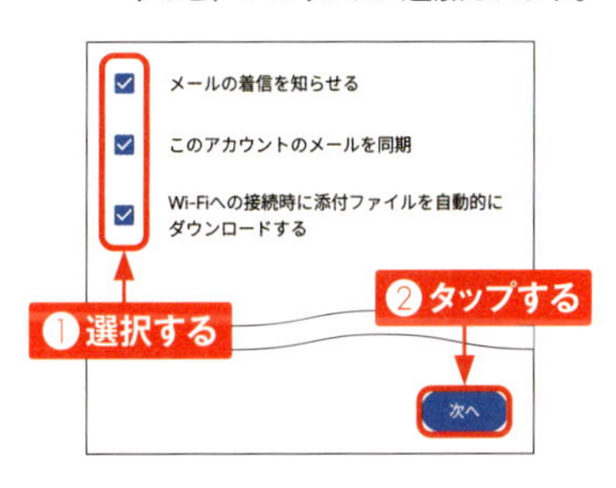

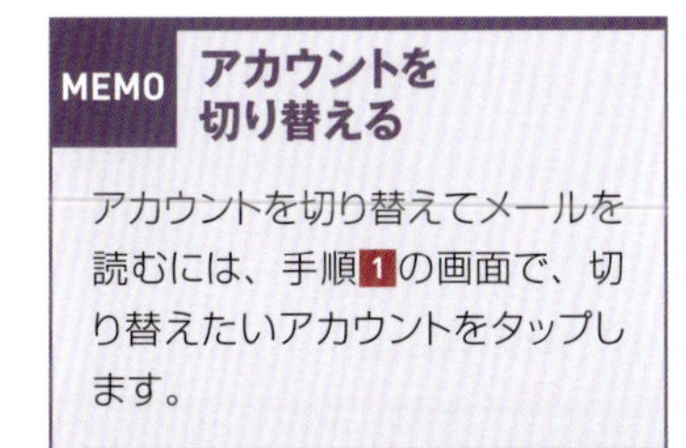

MEMO アカウントを切り替える

アカウントを切り替えてメールを読むには、手順1の画面で、切り替えたいアカウントをタップします。

4

「Gmail」アプリ

メールに署名を自動的に挿入する

Gmailでは、メールの作成時に自動的に署名を挿入するように設定することができます。仕事で使用する場合などに、名前やメールアドレス、電話番号などを署名として設定しておくとよいでしょう。

1 「メイン」画面で≡をタップしてメニューを開きます。

2 ［設定］をタップします。

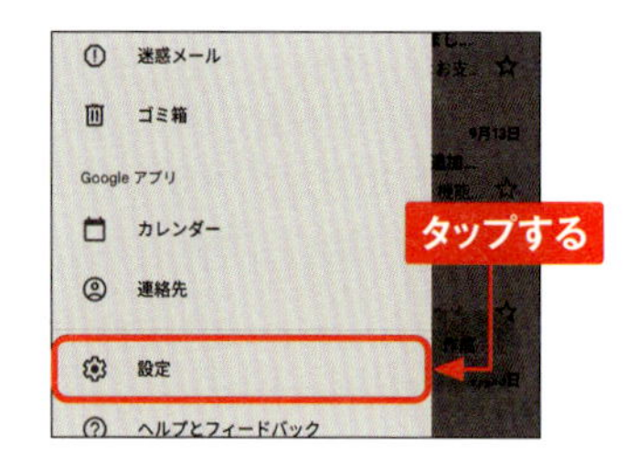

3 署名を設定するGmailアカウントをタップします。

4 ［モバイル署名］をタップします。

5 署名を入力し、［OK］をタップします。

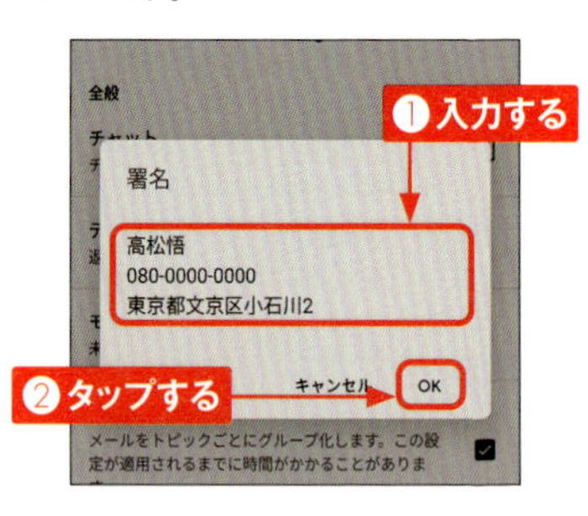

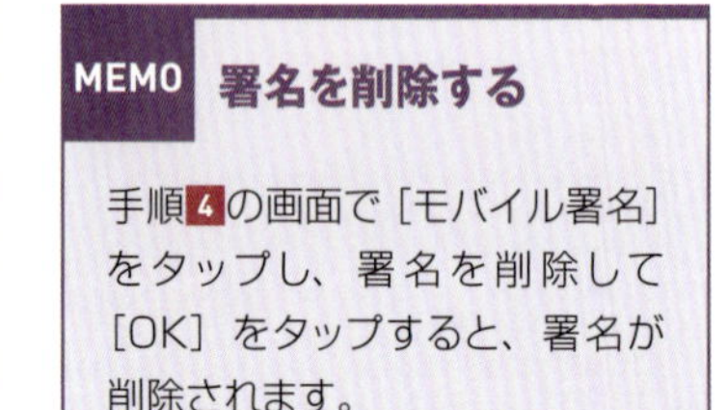

MEMO 署名を削除する

手順4の画面で［モバイル署名］をタップし、署名を削除して［OK］をタップすると、署名が削除されます。

Section 088

スマートリプライで返信する

「Gmail」アプリ

「Gmail」アプリには、受信したメールの内容に応じて自動的に返信する文面の候補を表示する、スマートリプライ機能があります。候補をタップするだけで返信する文面が作成できるため、すばやい返信が可能です。なお、受信したメールの内容によっては候補が表示されません。

1 P.118手順3の画面で設定するGmailアカウントをタップします。

2 [スマート機能とパーソナライズ]と[スマートリプライ] のチェックボックスをタップしてオンにします。

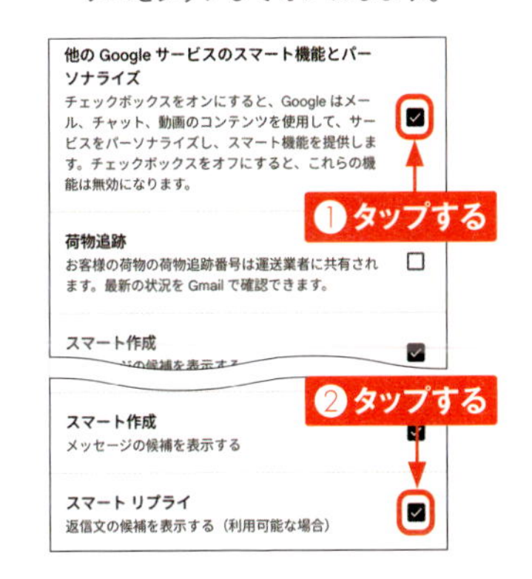

3 受信したメールの文面によって、返信の候補が画面下部に表示されます。任意の候補をタップします。

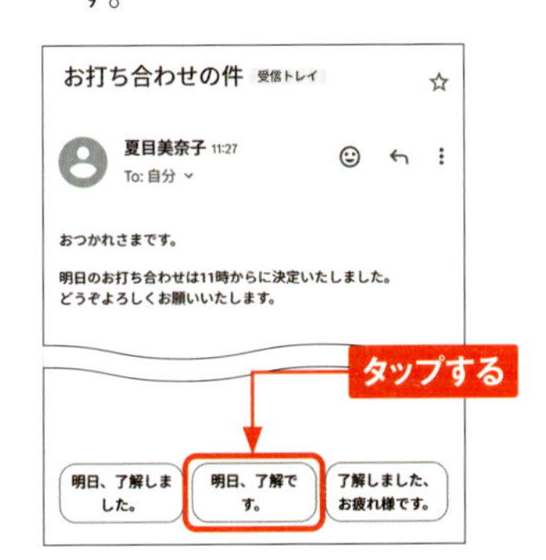

4 必要に応じて文面を編集し、▷をタップして返信します。

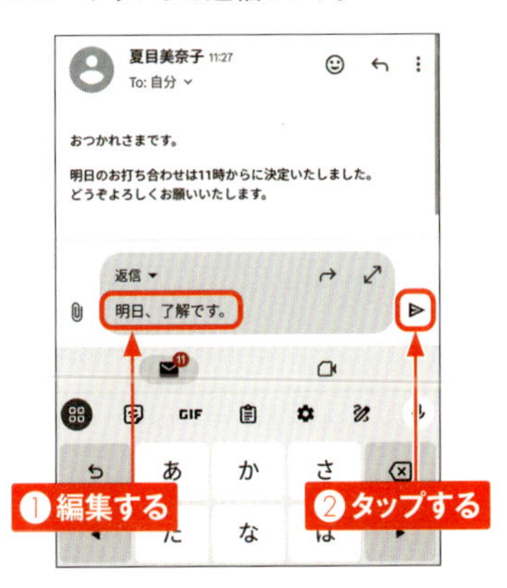

4

「Gmail」アプリ

不在時に自動送信するメールを設定する

「Gmail」アプリは、不在時に不在通知を自動送信するように設定することができます。海外旅行や長期休暇などで返信ができない場合に設定しておくと便利です。連絡先に登録されている相手にのみ自動送信することもできます。

1 P.118手順**4**の画面で［不在通知］をタップします。

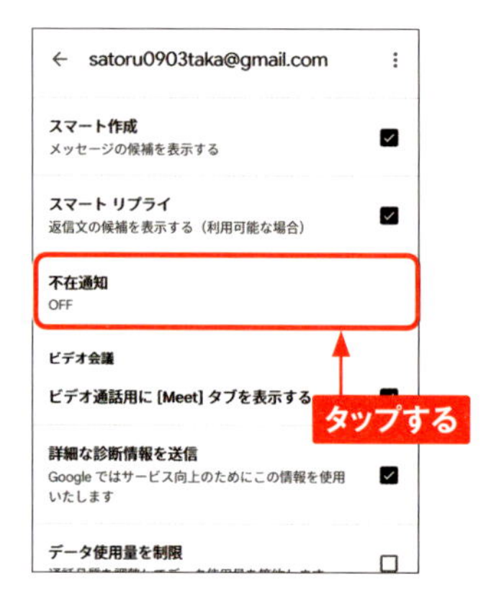

2 ［不在通知］をタップして、オンにします。

3 「開始日」と「終了日」の日付をタップして設定し、件名とメッセージを入力して、［完了］をタップします。なお、「連絡先にのみ送信」にチェックを付けると、連絡先に登録されている相手にのみ自動送信されます。

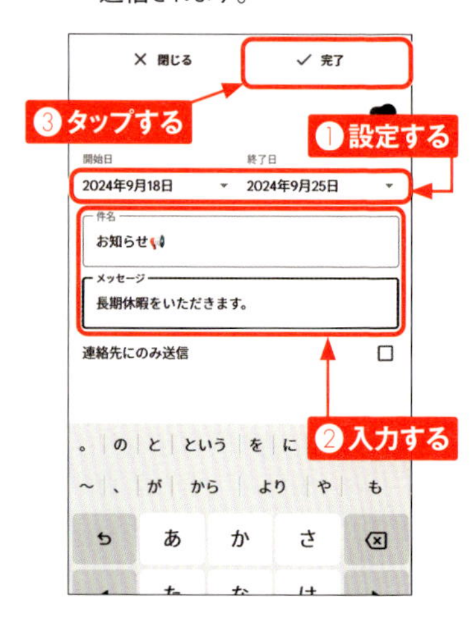

MEMO 不在通知をオフにする

手順**2**の画面で［不在通知］を再度タップすると、不在通知をオフにできます。なお、メッセージなど設定した内容は維持されます。

「カレンダー」アプリ

Googleカレンダーに予定を登録する

Googleカレンダーに予定を登録して、スケジュールを管理しましょう。Googleカレンダーでは、予定に通知を設定したり、複数のカレンダーを管理したり、カレンダーをほかのユーザーと共有したりすることができます。

1 「カレンダー」アプリを起動します。＋→［予定］の順にタップします。

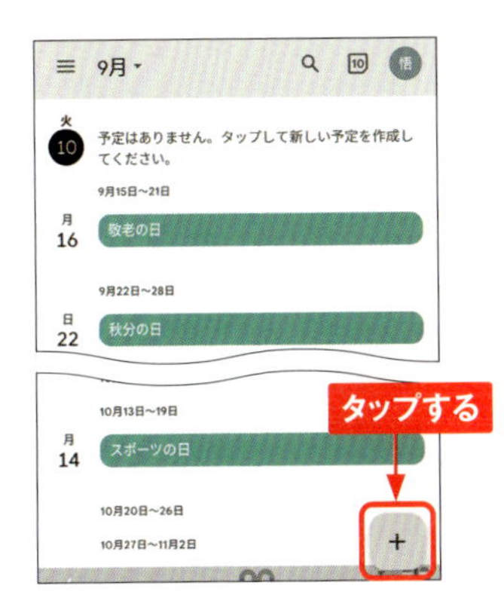

2 予定の詳細を設定し、［保存］をタップします。

3 予定がカレンダーに登録されます。

MEMO 表示形式を変更する

手順1の画面で≡をタップすると、カレンダーの表示形式を変更できます。

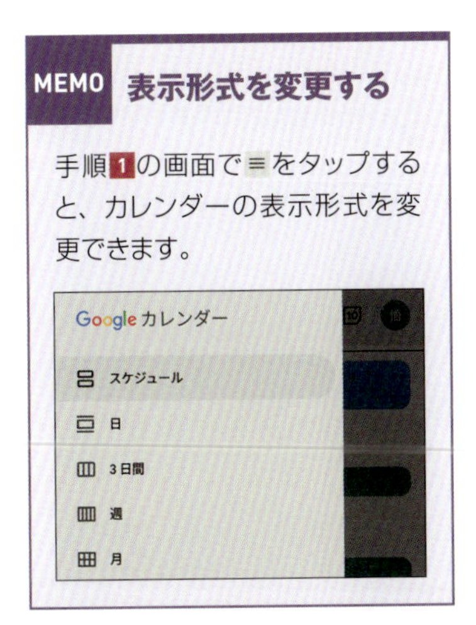

Section 091

Gmailから予定を自動で取り込む

「カレンダー」アプリ

Googleカレンダーでは、Gmailのメールに記載された予定を読み取り、自動で予定を作成することができます。自動で予定を作成するには、あらかじめ機能をオンに設定しておく必要があります。

1 「カレンダー」アプリを起動し、≡をタップします。

2 ［設定］をタップします。

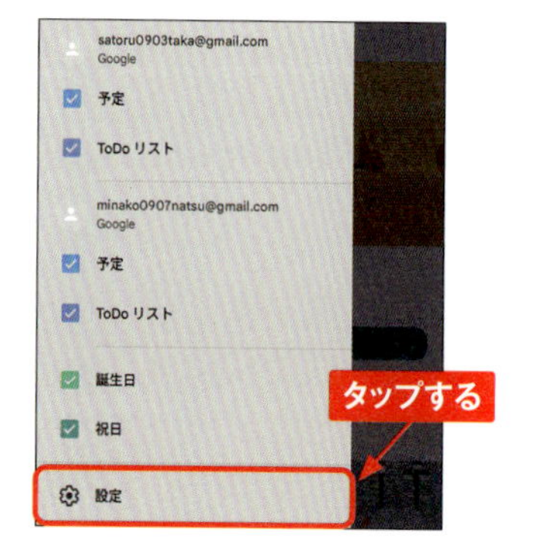

3 ［Gmailから予定を作成］をタップします。

4 自動的に予定を作成するGmailアカウントの［Gmailからの予定を表示する］→［OK］の順にタップしてオンにします。

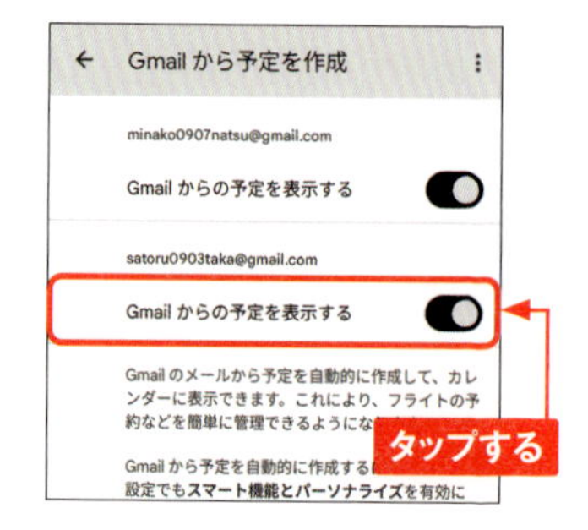

Section 092

「マップ」アプリ

周辺のスポットを検索する

「マップ」アプリでは、表示しているエリアのスポットがカテゴリ表示されて、かんたんに検索することができます。「レストラン」「コンビニ」「駐車場」「ホテル」などのジャンルからすばやく絞り込んで、地図上で場所を確認したり、ほかのユーザーの評価や営業時間などを確認したりできます。

1 「マップ」アプリを起動します。検索したいエリアを表示して、上部のジャンルを選んでタップします。

2 周辺のスポットが表示されます。任意のスポットをタップすると詳細が表示されます。

3 手順**1**の画面で、右端の［もっと見る］をタップすると、さらに多くのジャンルを選ぶことができます。

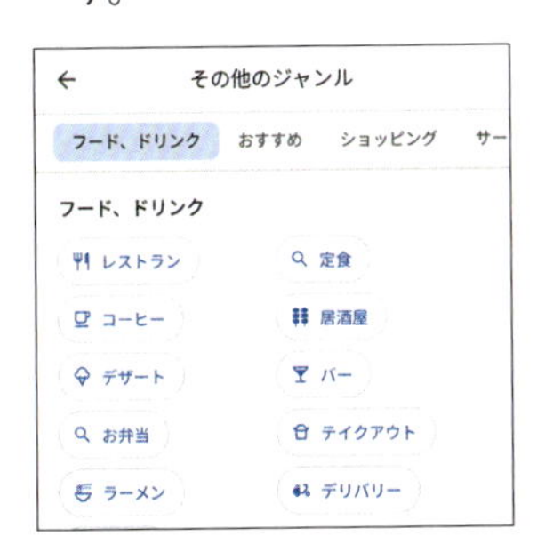

MEMO 位置情報の権限

「マップ」アプリなどGPSを利用するアプリは、初回に位置情報の権限を求める画面が表示されます。あとから権限を変更する場合は、「設定」アプリの［位置情報］でアプリを指定して行うことができます（Sec.079参照）。

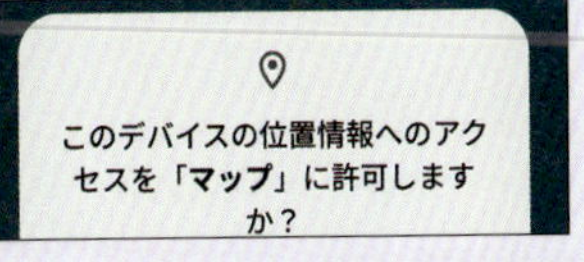

4

よく行く場所をお気に入りに追加する

「マップ」アプリ

「マップ」アプリでは、特定の場所を「お気に入り」「行ってみたい」「旅行プラン」「スター付き」として追加することができます。よく行くお店や施設を追加しておくとよいでしょう。

1 「マップ」アプリで任意のお店や施設をタップし、お店や施設の名前をタップします。

2 ［保存］をタップします。

3 お気に入りに追加するには、［お気に入り］をタップして、［完了］をタップします。なお、［行ってみたい］などをタップして、それぞれに追加することもできます。

4 手順1の画面で［保存済み］をタップすると、お気に入りに追加した場所を確認できます。

Section 094

ライブビューを利用する

「マップ」アプリ

「マップ」アプリでは、現在地から目的地までのルートをすばやく検索することができます。徒歩のルート検索の場合は、カメラで写した周囲の景色に、ライブビューでARの案内を表示することができます。

1 「マップ」アプリで目的地を入力し、[経路]→[徒歩]の順にタップします。[ライブビュー]をタップします。

2 初回は[開始]をタップし、画面の指示に従って設定を進めます。

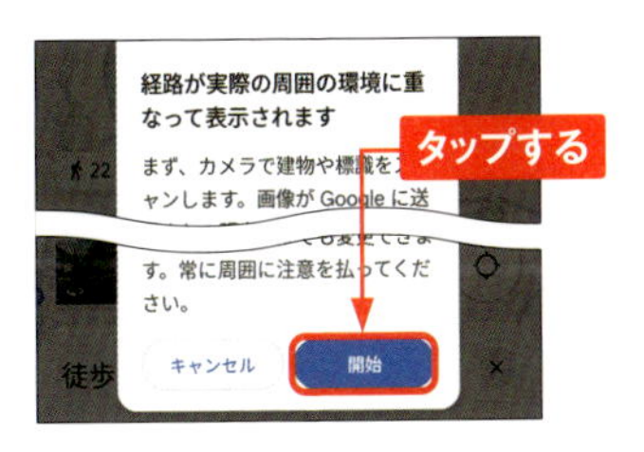

3 周辺の建物などにPixel 9のカメラをかざします。

4 周囲を表示したカメラの画面に、進行方向などナビの指示がARで表示されます。Pixel 9を手元に下げると地図のルート表示に切り替わります。

4

TIPS イマーシブビュー

「イマーシブビュー」とは、特定の場所をGoogleマップの3D映像で閲覧できる機能です。東京タワーやレインボーブリッジなどの一部の有名観光スポットでは、「Immersive View」と表示されている画像をタップすると、自由に3DCG操作できます。

Section 095

自宅と職場を設定する

「マップ」アプリ

「マップ」アプリでは、「自宅」と「職場」など、自分がよくいる場所をあらかじめ設定することができます。これらの場所を設定しておくことで、経路をすばやく確認できるようになります。

1 「マップ」アプリで［ここで検索］をタップします。

2 ［自宅］または［職場］をタップします。

3 自宅や職場の住所を入力し、下に表示された住所をタップします。

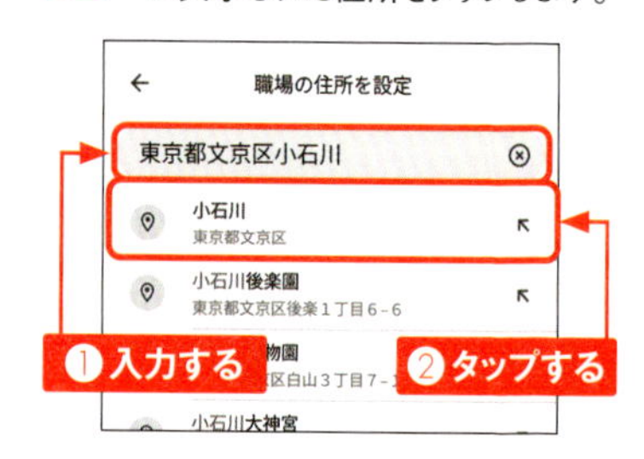

4 ［保存］→［完了］の順にタップすると、住所を設定できます。

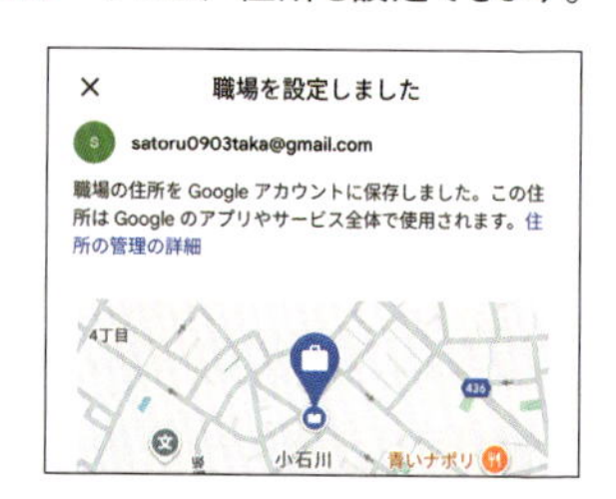

5 手順**2**の画面で［職場］をタップすると、職場を出発地または目的地とした経路検索をすばやく行えます。

Section 096

「マップ」アプリ

訪れた場所や移動した経路を確認する

「マップ」アプリでは、タイムライン（ロケーション履歴）をオンにすることにより、Pixel 9を携帯して訪れた場所や移動した経路が記録されます。日付を指定して詳細な移動履歴が確認できるため、旅行や出張などの記録に重宝します。

タイムラインをオンにする

1 ［設定］アプリを起動し、［位置情報］をタップします。［位置情報を使用］をオンにして、［位置情報サービス］をタップします。

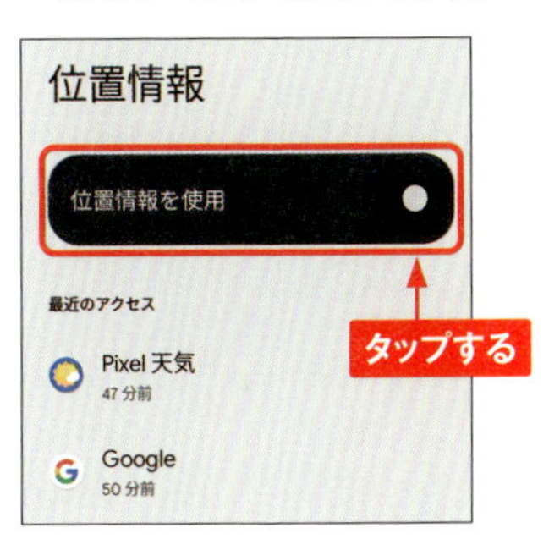

2 ［Googleロケーション履歴］をタップします。

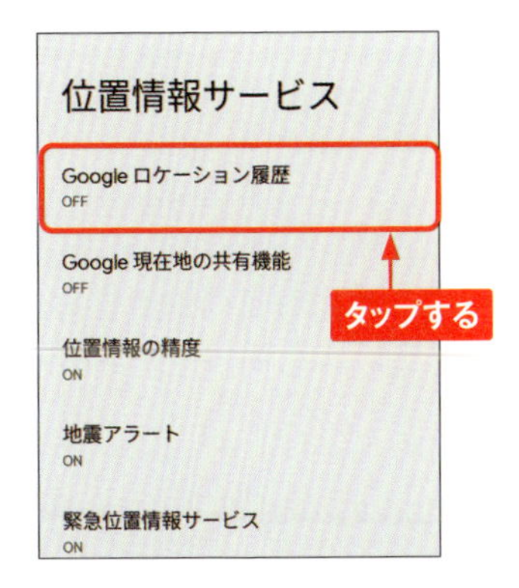

3 「アクティビティ管理」のタイムラインが開くので、［オンにする］をタップします。

4 ［オンにする］→［OK］の順にタップして、機能をオンにします。

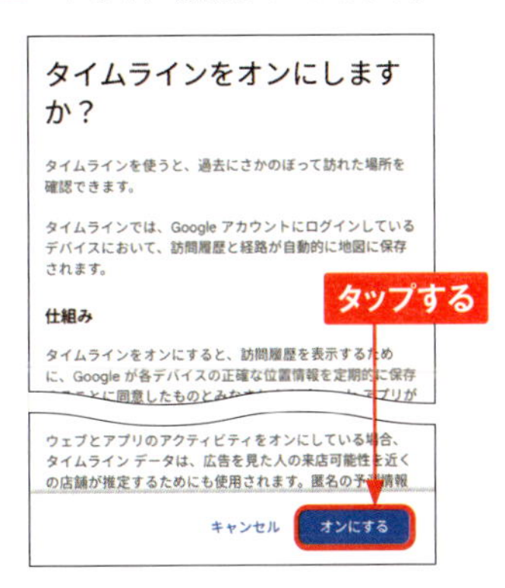

4

タイムラインを表示する

1 「マップ」アプリで右上のアイコンをタップします。

2 ［タイムライン］をタップします。初回は［次へ］をタップします。

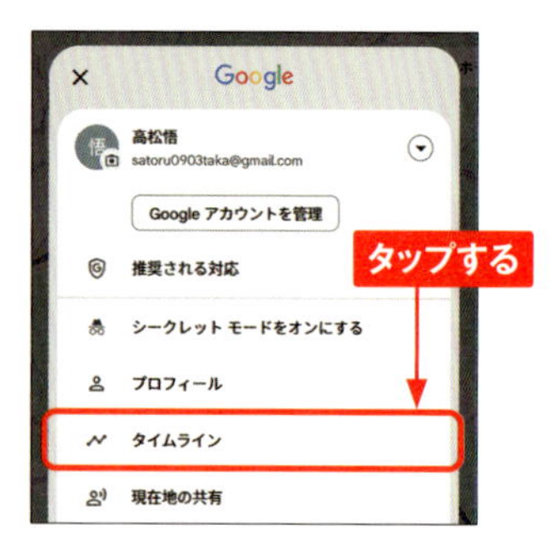

3 ［今日］をタップします。

4 タイムラインを確認したい日付をタップします。

5 訪れた場所と移動した経路が表示されます。

MEMO タイムラインを削除する

タイムラインを削除するには、手順5の画面で削除したい場所の⋮→［削除］→［削除］の順にタップします。その日の履歴をすべて削除するには、画面上部の⋮→［1日分をすべて削除］→［削除］の順にタップします。

Section 097

友達と現在地を共有する

「マップ」アプリ

「マップ」アプリは、SMSやメールを利用して、友達などに現在いる場所のリンクを送信することができます。リンクを受け取った友達は、「マップ」アプリを起動して居場所を確認できるほか、自分が現在いる場所を知らせることができます。

1 P.128手順2の画面で、［現在地の共有］→［現在地を共有］の順にタップします。次回以降は［新たに共有］をタップします。

2 共有したい人をタップします。または、［その他］をタップして電話番号やメールアドレスを入力します。

3 リンクで共有することを確認して［共有］→［共有］の順にタップし、画面の指示に従って進みます。

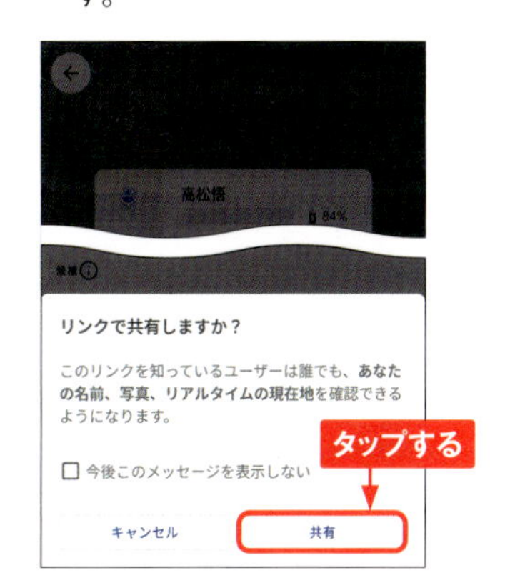

4 「メッセージ」アプリが起動し、現在地のリンクが自動入力されたメッセージが表示されるので送信します。メッセージを受け取った相手は、リンクをタップすると「マップ」アプリが起動します。

4

Section 098

「Googleレンズ」

画面に写したテキストを翻訳する

Googleレンズを使うと、カメラに写したテキストを画面内でリアルタイムで翻訳することができます。街中の看板や、商品の説明など、外国語で書いてある短文をすぐに知りたいときに便利に使えます。

1 Googleレンズを起動して、翻訳するテキストにカメラをかざし、［翻訳］をタップします。

2 画面上の言語が自動検出されます。翻訳後の言語を設定します。

3 画面のテキストがリアルタイムに翻訳されます。

TIPS 翻訳したテキストを利用する

手順3でシャッターボタンをタップすると、翻訳したテキストをコピーしたり、音声で聞いたりすることができます。

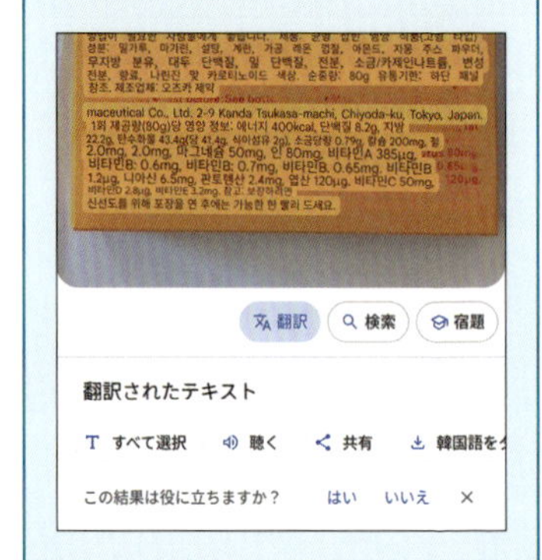

OS • Hardware

リアルタイム翻訳でチャットする

リアルタイム翻訳機能を使うと、SMSアプリ、LINEなどのチャットで、外国語のメッセージが日本語に翻訳されて表示されます。こちらから送信するメッセージは、Gboardキーボードの翻訳機能を利用して、入力した日本語を外国語に翻訳します。

1 「メッセージ」アプリやLINEなどで、外国語のメッセージを受信すると、［日本語に翻訳］が表示されるのでタップします。

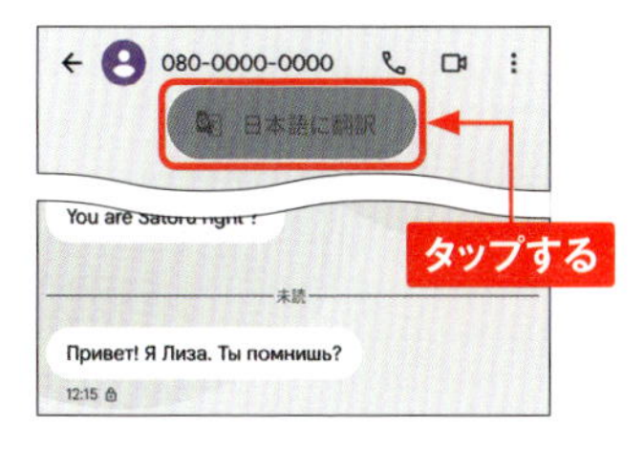

2 メッセージが日本語に翻訳されます。以降は［（原語）］［日本語］をタップすると、表示を原語と日本語とで切り替えることができます。

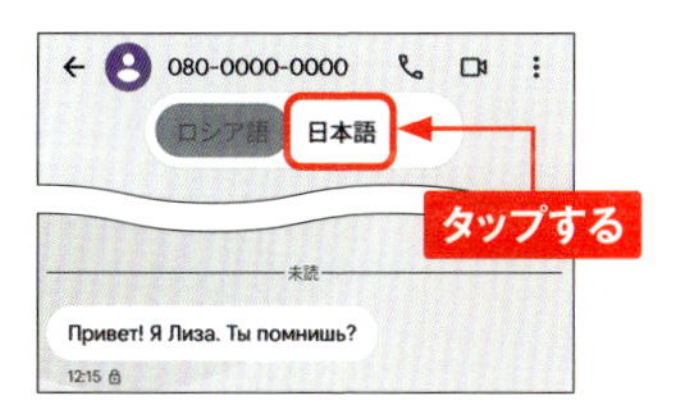

3 メッセージ入力欄をタップすると、下段に翻訳入力欄が表示されます。翻訳入力欄が表示されない場合は、Gboardキーボード上部の→［翻訳］の順にタップします。

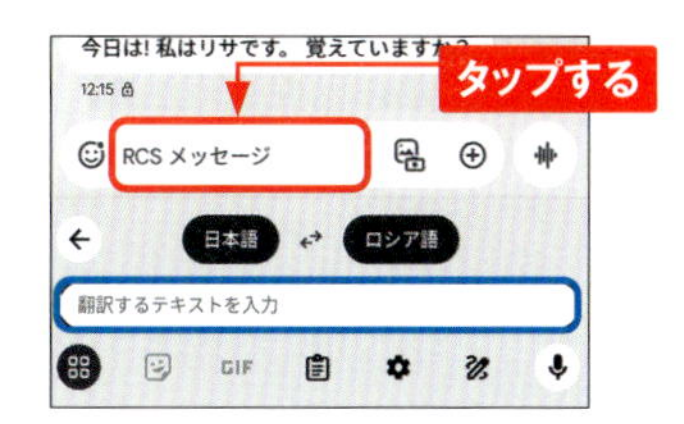

4 翻訳入力欄に日本語でメッセージを入力すると、入力したメッセージが翻訳されて、訳語がメッセージ入力欄に表示されます。

MEMO **リアルタイム翻訳の設定**

リアルタイム翻訳の設定は、「設定」アプリの［システム］→［リアルタイム翻訳］で行います。翻訳する外国語を追加できるほか、「原文の言語」から、その言語の翻訳をサポートしているサービスを確認することができます。

4

「翻訳」アプリ

リアルタイム翻訳で会話する

「翻訳」アプリでは、単純な言語の翻訳機能のほか、リアルタイム翻訳ができます。会話相手の言語と自分の言語を選択し、交互に話すことで内容が翻訳され、会話をすることが可能です。

1 「翻訳」アプリを起動します。会話相手が話す言語と自分の言語をタップして設定し、[会話]をタップします。

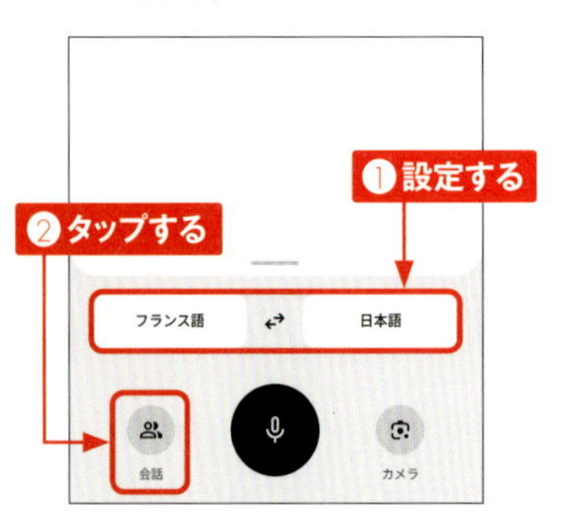

2 ✦をタップすると、マイクアイコンが2つ表示されます。マイクアイコン（ここでは、フランス語）をタップし、相手に話してもらいます。

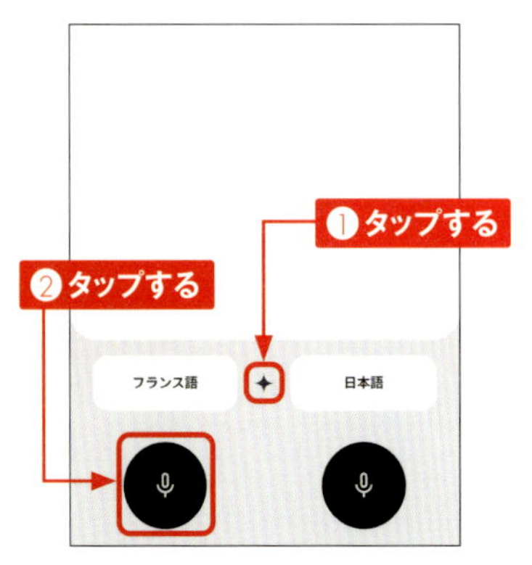

3 内容が翻訳されます。マイクアイコン（ここでは、日本語）をタップし、返答します。

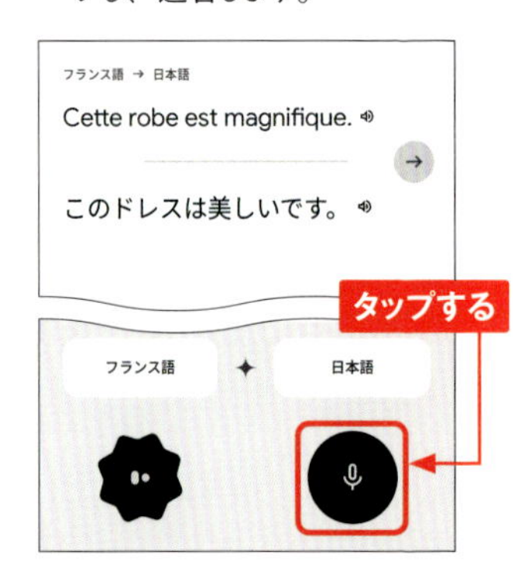

4 内容が翻訳されるので、2～3の手順を繰り返して会話を続けます。

「ウォレット」アプリ

ウォレットにクレカを登録する

「ウォレット」アプリはGoogleが提供する決済サービスです。QUICPayやiD、タッチ決済対応のクレジットカードやプリペイドカードを登録すると、キャッシュレスで支払いができます。

1 「ウォレット」アプリを起動します。[ウォレットに追加]をタップします。

2 クレジットカードを登録する場合は、[クレジットやデビットカード]をタップします。

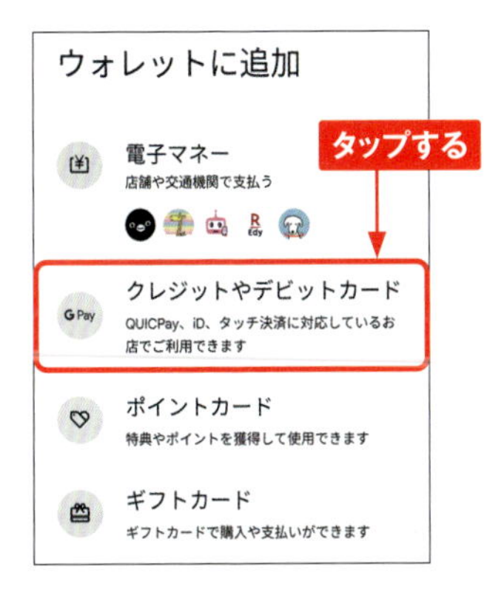

3 クレジットカードにカメラをかざして枠に映すと、カード番号が自動で読み取られます。

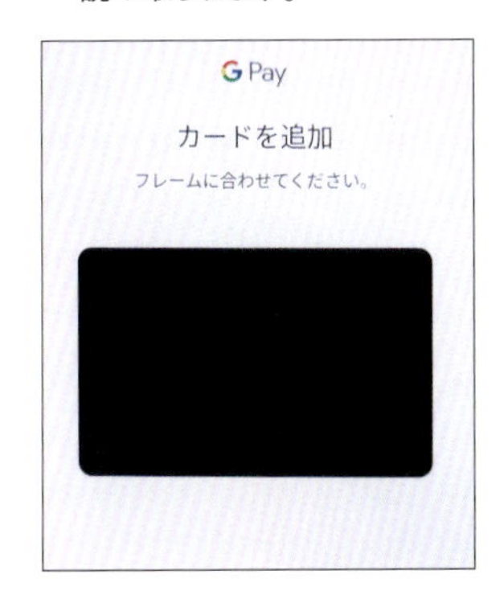

4 正しく読み取りができた場合は、カード番号と有効年月が自動入力されるので、クレジットカードのセキュリティコードを入力します。

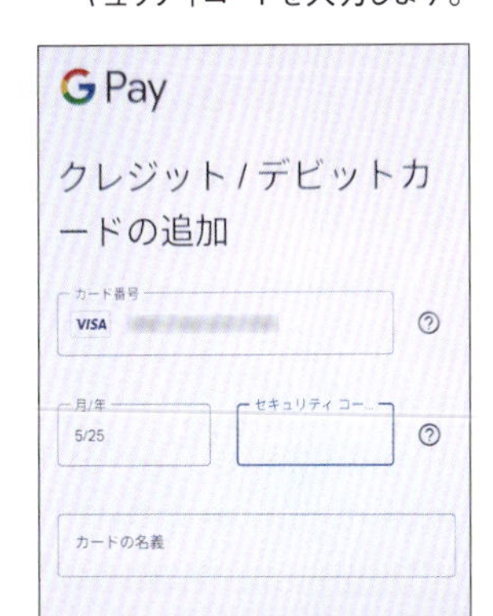

4

Section 102

ウォレットで支払う

「ウォレット」アプリ

「ウォレット」アプリに対応クレジットカードを登録したら、お店でキャッシュレス払いに使ってみましょう。支払い方法を店員に伝えて、Pixel 9をそのまま（タッチ決済の場合はロック解除の操作を行ってから）レジの読み取り機にかざすと支払いが完了します。

1 キャッシュレス対応の実店舗で、会計をするときに、QUICPayやiD、コンタクトレスクレカで支払うことを店員に伝えます。

2 Pixel 9をレジの読み取り機にかざして支払います。

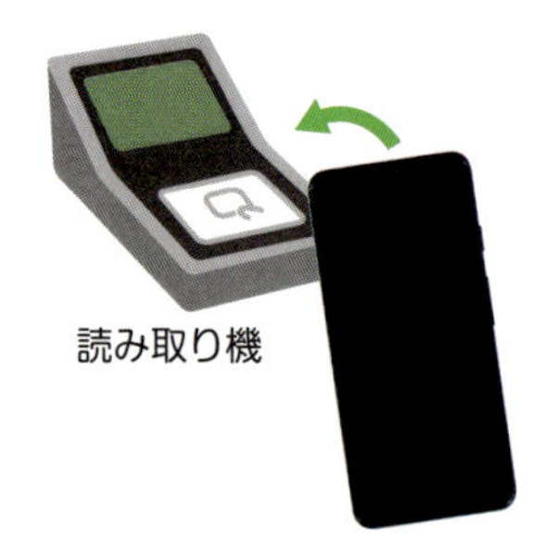

3 支払い履歴を確認するには、確認したいサービスを選択します。

4 ⋮をタップし、[ご利用履歴] をタップすると、一覧で表示されます。

Section 103

「ウォレット」アプリ

ウォレットにSuicaを登録する

「ウォレット」アプリに電子マネーを登録すると、クレジットカードの場合と同様に、お店でキャッシュレス払いに使えます。Suica、nanaco、PASMO、楽天Edy、WAONを登録することができます。なお、電子マネーを利用するには、「おサイフケータイ」アプリと「モバイルFelicaクライアント」アプリがインストールされている必要があります。

1 P.133手順2の画面で［電子マネー］をタップし、次の画面で［Suica］をタップします。

2 ［続行］をタップし、画面の指示に従って利用規約を承認します。

3 Suicaの「新しい記名カード」または「プラスチックの記名カードを移行する」を選んで、画面の指示に従って操作してSuicaのアカウントを作成します。

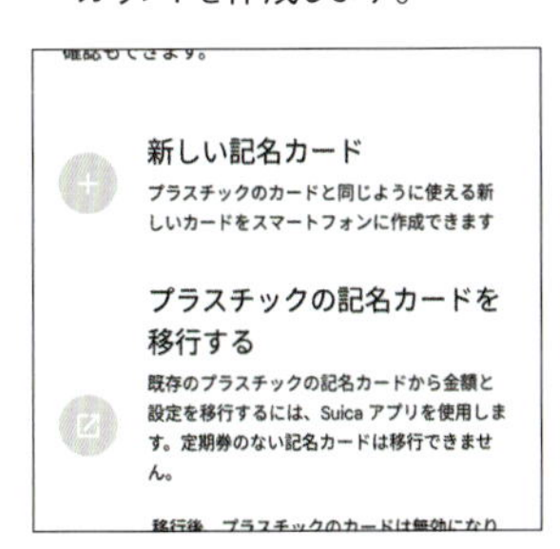

4 「ウォレット」アプリにSuicaが登録されます。

4

「設定」アプリ

NFC／おサイフケータイをロックする

画面ロックをしている間は、おサイフケータイを利用できないように設定できます。ロック解除に暗証番号や指紋認証を設定しておけば、万が一スマホを紛失しても、第三者に勝手に使われることを防げます。

1 「設定」アプリを起動し、[接続設定]をタップします。

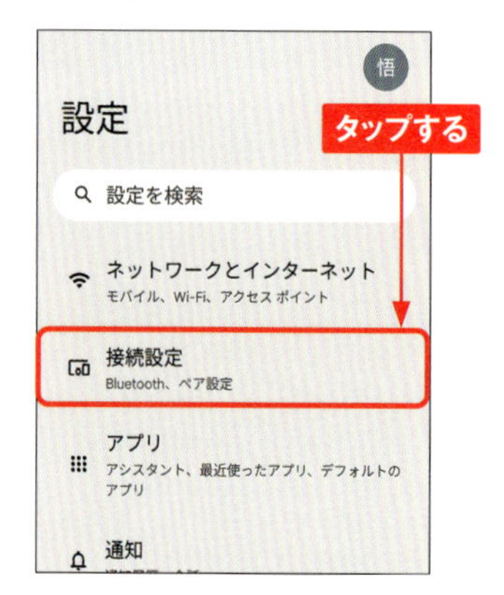

2 [接続の詳細設定]をタップします。

3 [NFC]をタップします。

4 NFCがオンになっていることを確認し、[NFCの使用にロック解除を要求]をタップしてオンにします。

4

Section 105

ファイルをGoogleドライブに保存する

「ドライブ」アプリ

Googleドライブは、1つのGoogleアカウントで、無料で15GBまで使えるオンラインストレージサービスです。 同じGoogleアカウントでログインすると、 スマートフォンだけでなく、 パソコンやタブレットからもドライブ内のファイルにアクセスすることができます。

1 「ドライブ」 アプリを起動して、[新規] をタップします。

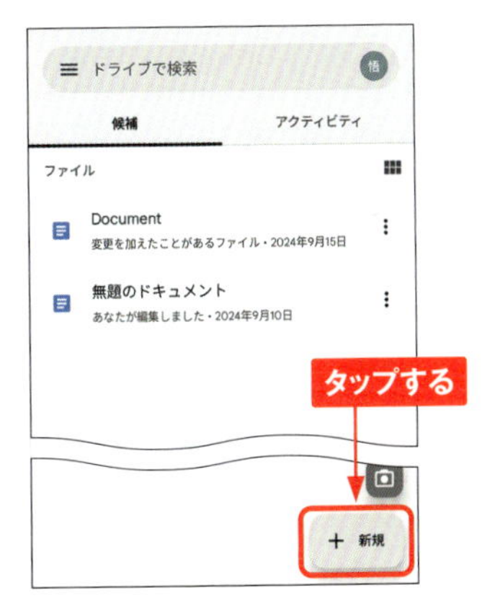

2 ファイルをアップロードするには、[アップロード] をタップします。なお、[フォルダ] をタップするとフォルダを作成できます。

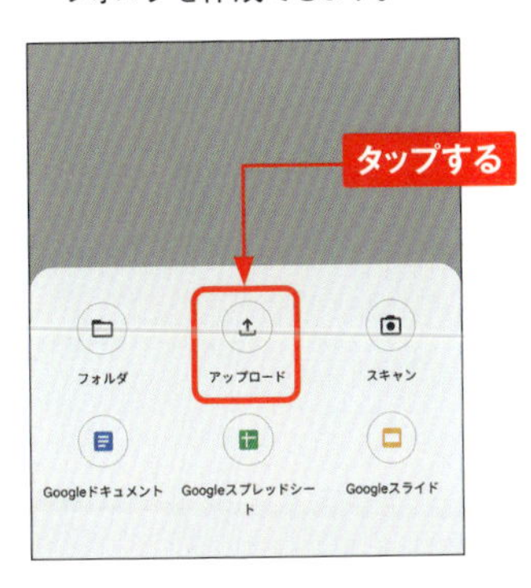

3 任意のフォルダを開き、アップロードするファイルをタップします。

4 [ファイル] をタップすると、アップロードしたファイルを確認できます。

Section 106

Officeファイルを表示する

「ドライブ」アプリ

「ドライブ」アプリは、マイクロソフトのWordやExcelなどのOfficeファイルを表示することができます。また、「ドライブ」アプリを使って、Googleドライブ内のファイルをPixel 9にダウンロードすることもできます。

1 「ドライブ」アプリを起動して、Officeファイルをタップします。

2 ファイルが表示されます。ピンチアウト／ピンチインして表示を調整します。

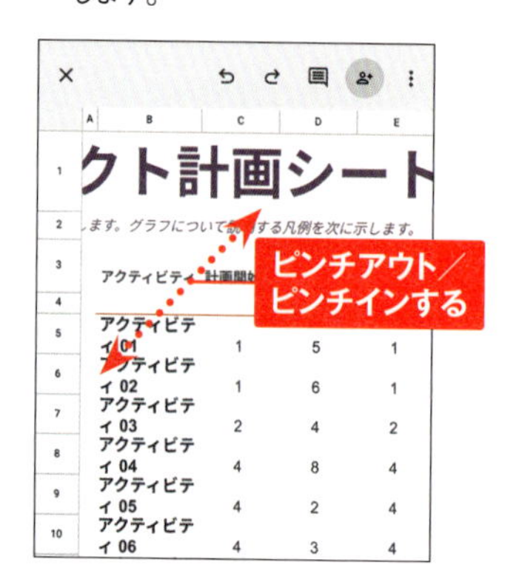

3 「マイドライブ」に戻るには、×をタップします。

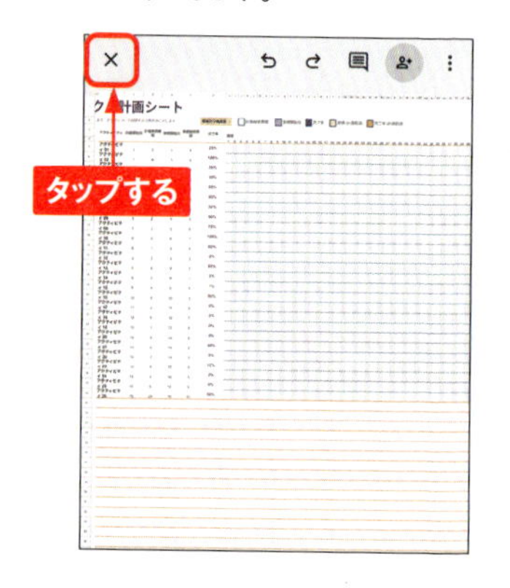

TIPS ファイルをダウンロードする

ファイルをダウンロードするには、手順**1**の画面でファイルの⋮→［ダウンロード］の順にタップします。ダウンロードしたファイルは、Pixel 9の「ダウンロード」フォルダに保存されます。

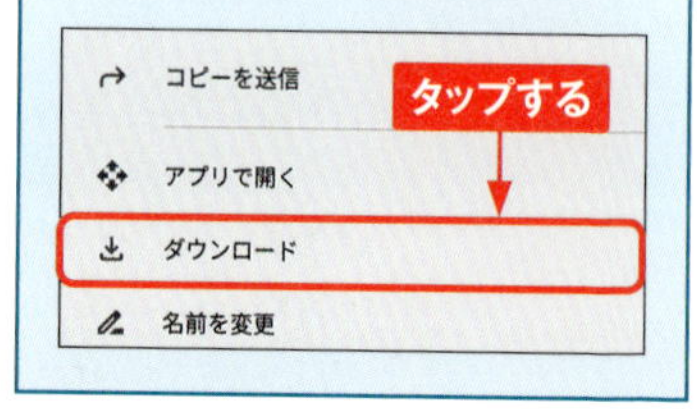

4

Section 107

Officeファイルを作成する

「ドライブ」アプリ

「ドライブ」アプリでは、マイクロソフトのOfficeファイルに相当するファイルを作成することができます。「Googleドキュメント」はWordに、「Googleスプレッドシート」はExcelに、「Googleスライド」はPowerPointに相当します。

1 [ホーム] をタップして、[新規] をタップします。

2 [Googleドキュメント] [Googleスプレッドシート] [Googleスライド] のいずれかをタップします。なお、[Googleスプレッドシート] [Googleスライド] をタップした場合、初回は [インストール] をタップします。

3 ファイルの内容を作成し、✓をタップします。

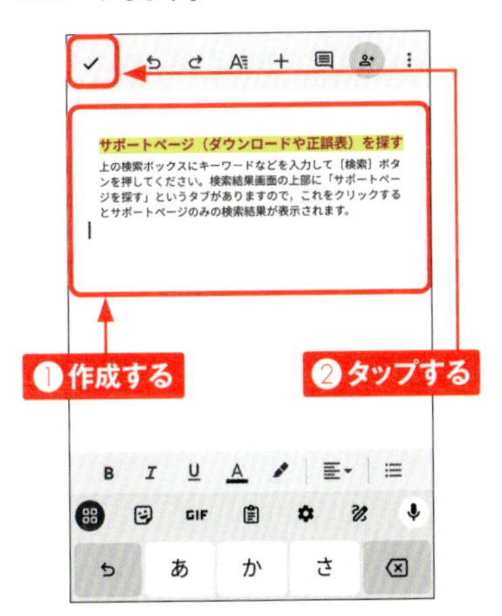

4 ファイルが保存されます。「マイドライブ」に戻るには、✕をタップします。

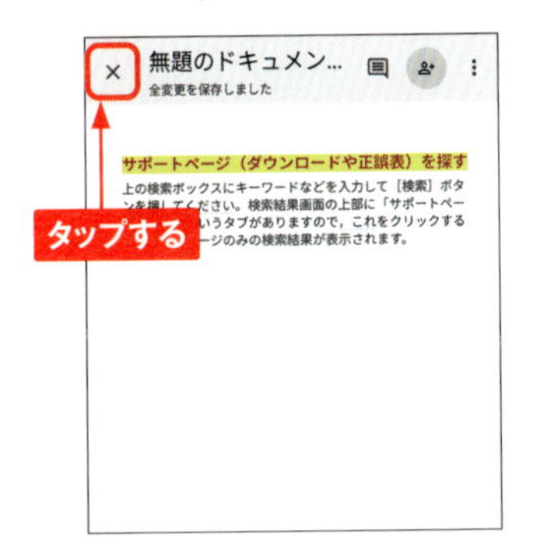

Section 108

「Files」アプリ

書類をスキャンしてPDFにする

「Files」アプリや「ドライブ」アプリで、カメラを利用して書類をスキャンすることができます。連続して複数枚をスキャンすることもできるので、すばやく書類をまとめたい場合などに使うとよいでしょう。

1 「Files」アプリのホーム画面や、「ドライブ」アプリのP.137手順2の画面で、[スキャン]をタップします。

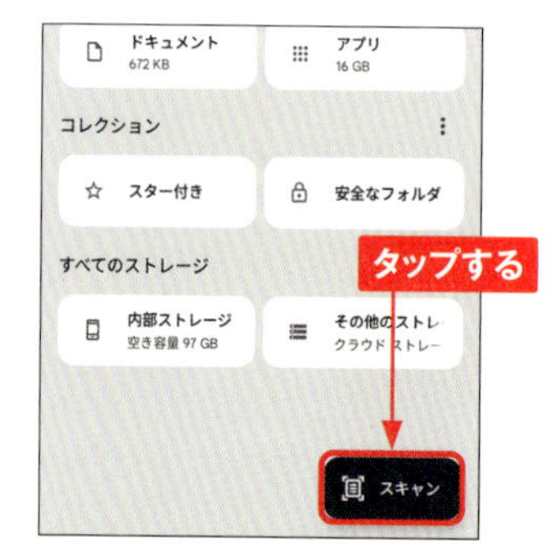

2 スキャンしたい書類にPixel 9をかざして、◎をタップするとスキャンされます。[自動撮影]がオンになっている場合は、すぐにスキャンされます。

3 プレビューを見て、やり直したい場合は[再撮影]をタップします。また、ここで[切り抜き][汚れ除去]などを行うことができます。[完了]をタップします。

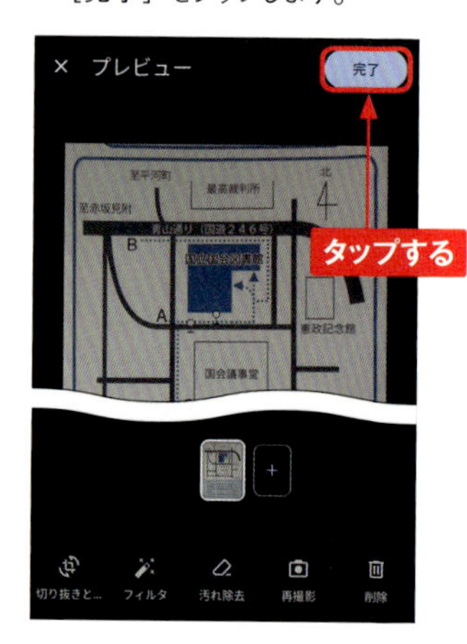

4 「Files」アプリの「スキャン済み」フォルダにファイルが保存されます。

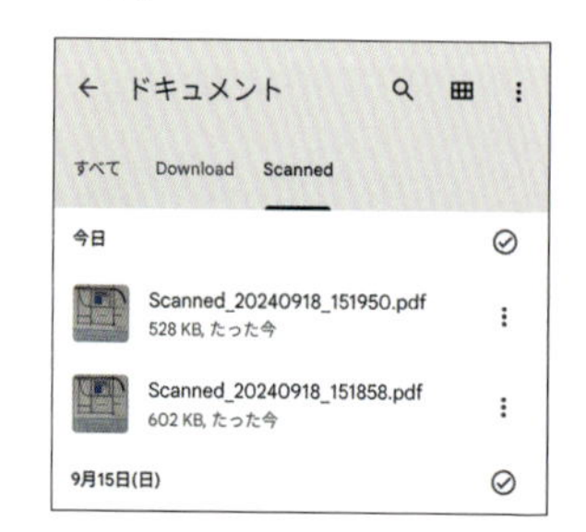

4

「Files」アプリでファイルを開く

「Files」アプリは、Pixel 9内のさまざまなファイルにアクセスすることができます。ダウンロードしたファイル（Sec.031、106参照）、写真や動画などのほか、Googleドライブ（Sec.105～107参照）に保存されているファイルを開くこともできます。

1 「Files」アプリを起動します。「カテゴリ」でファイルの種類をタップします。

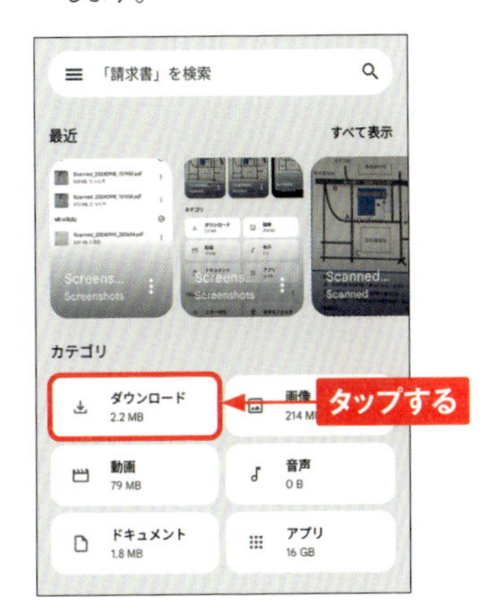

2 開きたいファイルをタップします。

3 ファイルが開きます。

TIPS 「安全なフォルダ」を利用する

「Files」アプリから利用できる「安全なフォルダ」は、画面ロック解除の操作を行わないと保存したファイルを見ることができないフォルダです。「フォト」アプリの「ロックされたフォルダ」と同様の機能です。「Files」アプリで、［安全なフォルダ］をタップして設定します。

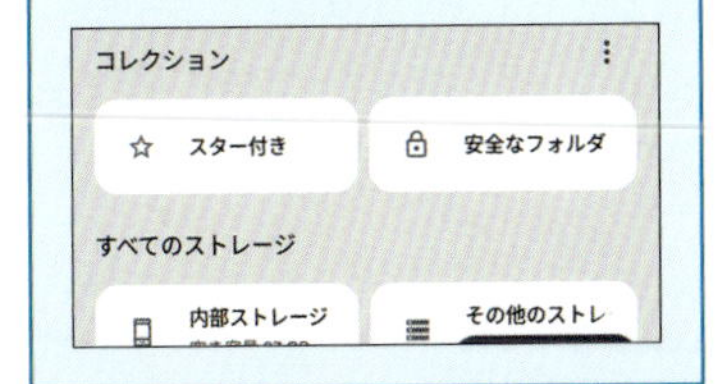

Section 110

「Files」アプリからGoogleドライブに保存する

「Files」アプリ

「Files」アプリでアクセスできる写真や動画は、直接Googleドライブに保存することができます。「Dropbox」アプリや「OneDrive」アプリなどをインストールしていれば、それらにも直接保存が可能です。また、Gmailに写真や動画を添付したり、特定の相手と写真や動画を共有したりすることもできます。

1 P.141手順3の画面で、をタップします。

2 ［ドライブ］をタップします。

3 ファイル名を入力し、保存先のフォルダを選択して、［保存］をタップします。

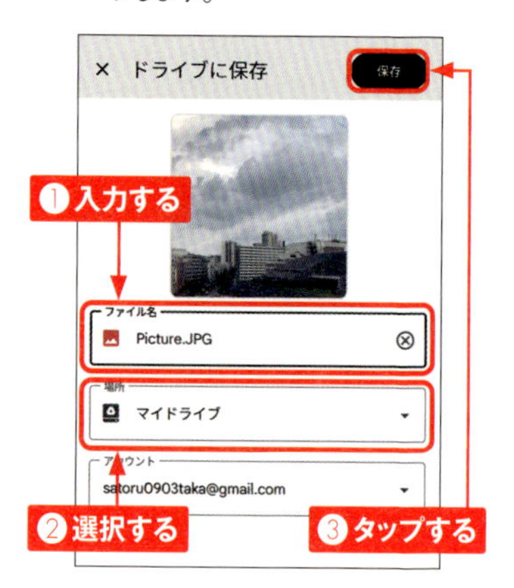

4 「ドライブ」アプリで、Googleドライブに保存したファイルを確認することができます。

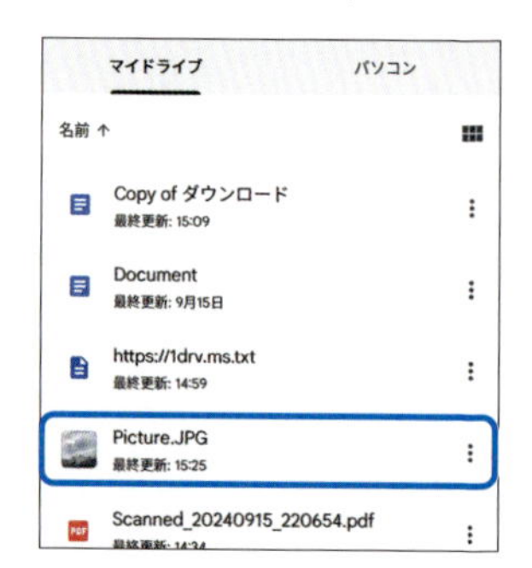

4

Section 111

「Files」アプリ

Quick Shareでファイルを共有する

「Quick Share（旧ニアバイシェア）」を使うと、周囲のAndroid機器にファイルやアプリを送信することができます。Quick Shareは、Bluetoothで同期を取ってWi-Fiでデータをやりとりします。Filesアプリ、フォトアプリなどの「共有」から起動します。また、クイック設定でオン／オフや、共有を許可するユーザーを設定できます。

1 「Files」アプリを起動し、送信するファイルを表示して⋮→［共有］の順にタップします。

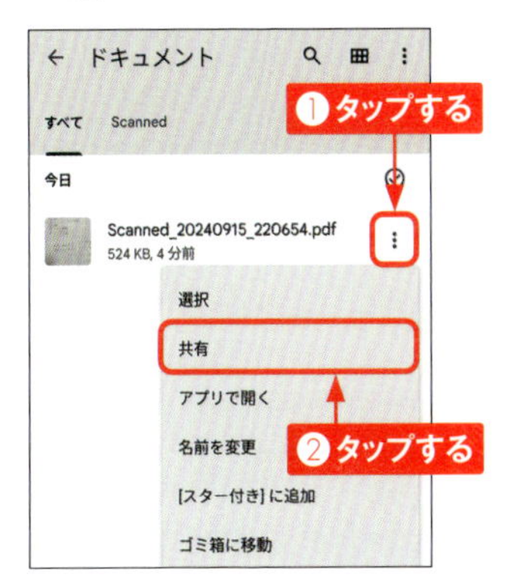

2 「Quick Share」アイコンをタップします。

3 ［共有を許可するユーザー］をタップします。

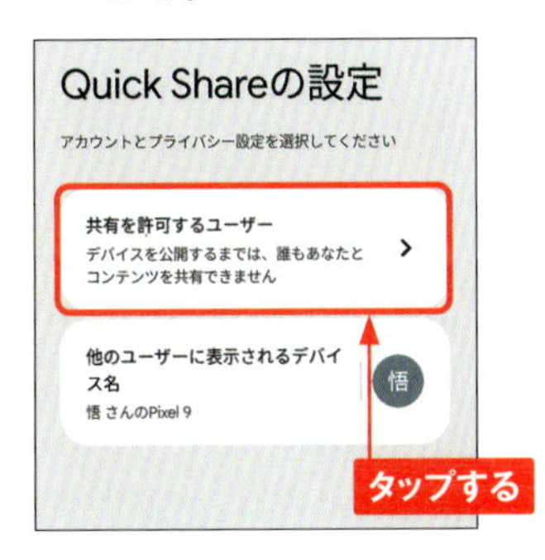

4 ［付近のデバイスに表示する］をタップしてオンにし、「共有を許可するユーザー」を選んで［完了］をタップします。次の画面で［続行］をタップします。

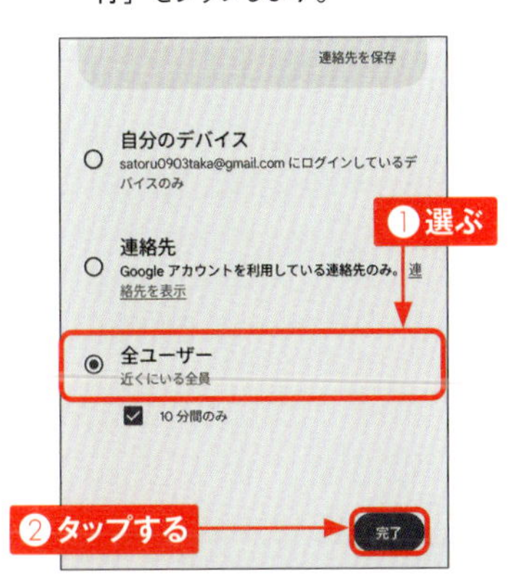

4

5 受信側のスマホで、クイック設定の［Quick Share］をタップして、手順4と同様に「共有を許可するユーザー」を選んで［完了］をタップします。

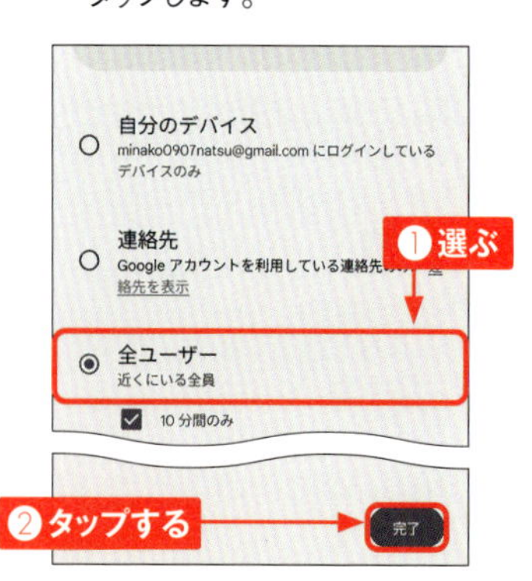

6 見つかった送信先を選んでタップします。

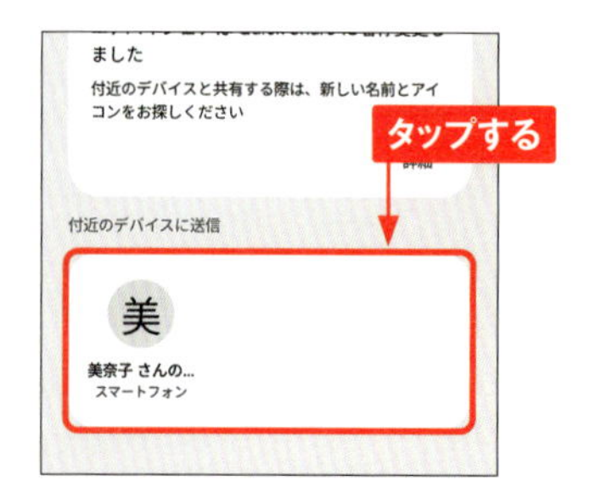

7 受信側のスマホで［承認する］をタップします。

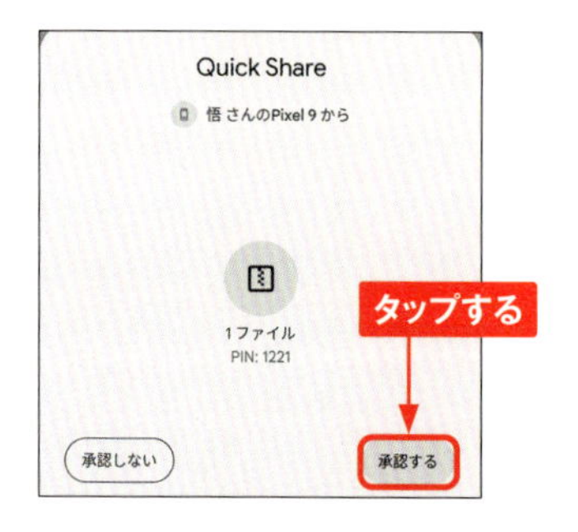

8 受信が終わったら［ダウンロードを表示］をタップすると、受信したファイルを確認することができます。

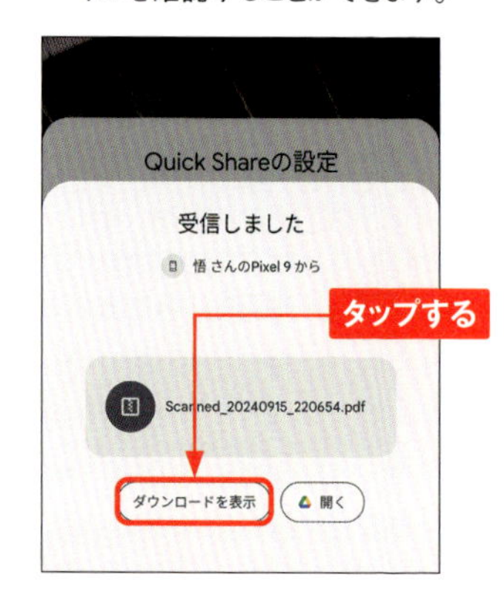

MEMO

共有を許可するユーザー

Quick Shareは、重要なデータを誤って知らない人に送信してしまったり、悪意のあるデータを送られる可能性があります。「共有を許可するユーザー」の設定で送受信先をよく確認しましょう。

- 「自分のデバイス」→Pixel 9と同じGoogleアカウントで利用しているデバイス
- 「連絡先」→連絡帳に登録しているGoogleアカウントのユーザーのデバイス
- 「全ユーザー」→付近のすべてのデバイス

「共有を許可するユーザー」は、クイック設定のほか、「設定」アプリ→［Google］→［Quick Share］からも設定することができます。

Section 112

不要なデータを削除する

「Files」アプリ

「Files」アプリを使うと、ジャンクファイルやストレージにある不要データを、かんたんに見つけて削除することができます。不要データの候補には、「アプリの一時ファイル」、「重複ファイル」、「サイズの大きいファイル」、「過去のスクリーンショット」、「使用していないアプリ」などが表示されます。

1 「Files」アプリを起動し、≡→[削除]の順にタップします。

2 ダッシュボードに表示された、削除するデータの候補の[ファイルを選択]をタップします。

3 削除するデータを選択する画面で、ファイルやアプリを選択して[○件のファイルをゴミ箱に移動]→[○件のファイルをゴミ箱に移動]の順にタップします。

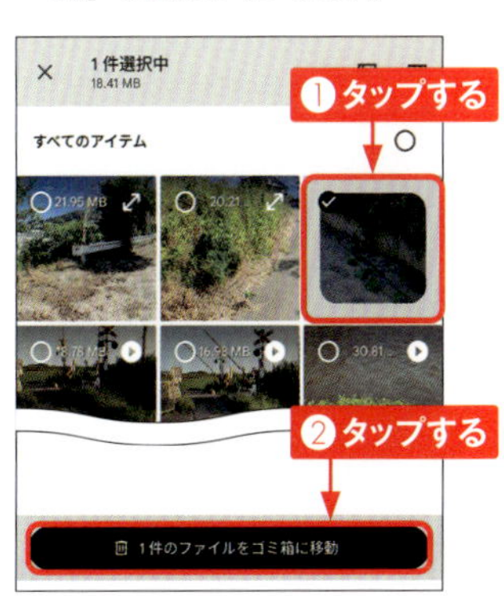

4 データが削除されます。

4

Section 113

「設定」アプリ

Googleドライブにバックアップを取る

Pixel 9ストレージ内のデータを自動的にGoogleドライブにバックアップするように設定することができます。バックアップできるデータは、写真と動画、連絡先、通話履歴、デバイス設定、アプリとアプリデータ、SMSのメッセージのデータです。

1 「設定」アプリを起動し、[システム]をタップします。

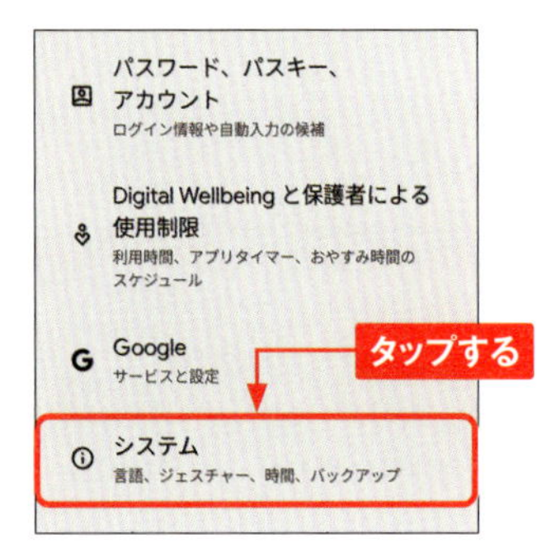

2 [バックアップ]をタップします。

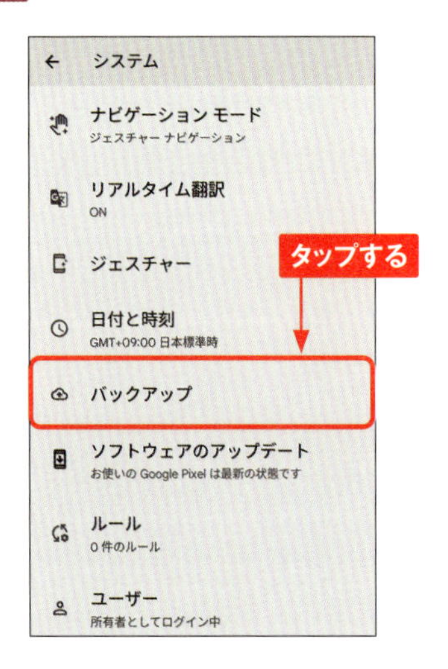

3 [今すぐバックアップ]をタップすると、手動でバックアップできます。

MEMO 画像の自動バックアップ

Pixel 9で撮影した写真や動画は、自動的にGoogleドライブにバックアップされます。ダウンロードした画像やスクリーンショットをバックアップする場合は、「フォト」アプリで[コレクション]→ジャンル→[バックアップ]の順にタップしてオンにします。

4

Section 114

Googleドライブの利用状況を確認する

「ドライブ」アプリ

Googleドライブの容量と利用状況は、「ドライブ」アプリから確認することができます。Googleドライブの容量が足りなくなった場合や、もっとたくさん利用したい場合は、手順2の画面か「Google One」アプリから、有料の「Google One」サービスにアップグレードして容量を増やすことができます。

1 「ドライブ」アプリを起動し、≡→[ストレージ]の順にタップします。

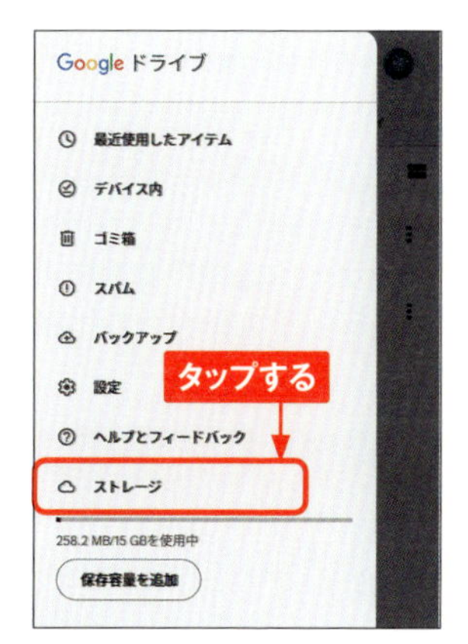

2 [詳細を表示]をタップすると、現在のGoogleドライブの容量と利用状況が表示されます。

TIPS Google One

Google Oneは、Googleサービスの有料プランで、「Google One」アプリで管理します。プランによって、Googleドライブのストレージ増量、ユーザー共有、ダークウェブのモニタリング、Gemini Advancedを使えるAIプレミアム利用権（P.115参照）などの特典があります。初めて利用する場合やPixelの新機種の場合、割引になるキャンペーンも行われています。

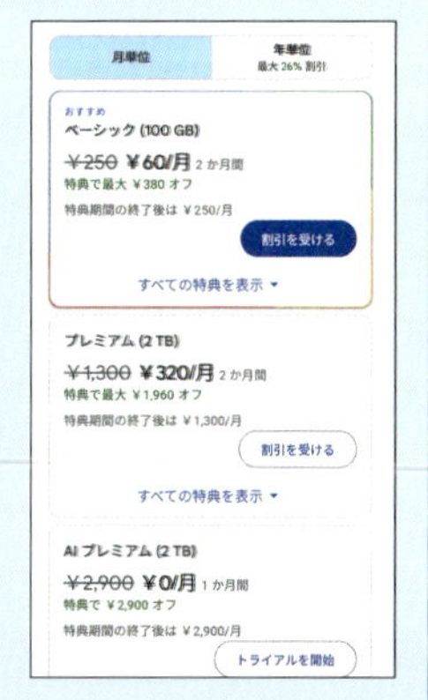

Section 115

パソコンのファイルをPixelに保存する

Pixel 9とパソコンをUSBケーブルで接続すると、Pixel 9はパソコンの外部ストレージとして認識されます。パソコンからのファイル操作で、パソコン内のファイルをPixel 9にコピーすることができます。逆にPixel 9内のファイルをパソコンにコピーすることもできます。

1 USBケーブルでパソコンとPixel 9を接続し、ステータスバーを下方向にドラッグして、［このデバイスをUSBで充電中］→［タップしてその他のオプションを表示します。］の順にタップします。

2 ［ファイル転送/Android Auto］をタップします。

3 画面ロックを設定している場合は解除します。パソコンでエクスプローラーを開き、［Pixel 9］をクリックし、［内部共有ストレージ］をダブルクリックします。

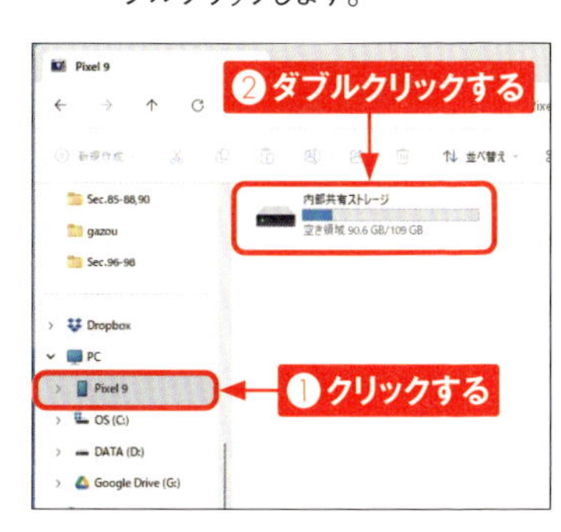

4 ファイルやフォルダを特定のフォルダにドラッグ&ドロップすると、Pixel 9に保存されます。

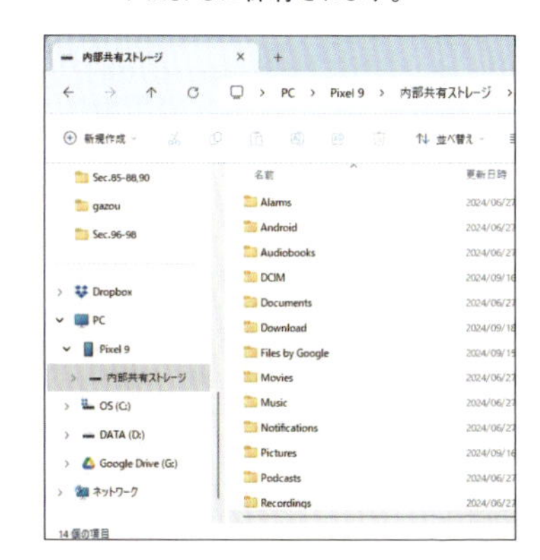

Pixelをさらに使いこなす活用技

Section 116

「設定」アプリを使う

「設定」アプリ

「設定」アプリは、ユーザーの利用状況に応じて、表示される項目やカードがアダプティブに変わります。また、キーワードで検索した設定項目がハイライト表示になったり、未設定の項目をポップアップで表示したりしてユーザーに確認を促します。
「設定」アプリのいくつかの画面では、ダッシュボードデザインが採用されていて、ユーザーの利用状況や設定状態が一目でわかるようになっています。たとえば、アプリの利用状況がグラフで表示されたり、設定のオン／オフがアイコンで表示されたりします。

●セキュリティとプライバシー

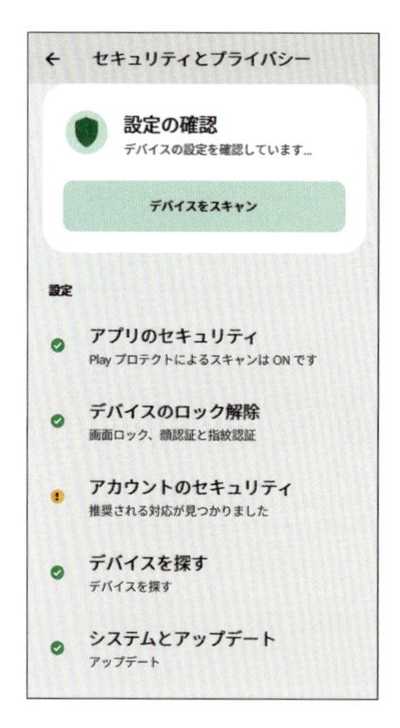

設定しているセキュリティ項目により上部のアイコンの色とデザインが変わり、Pixel 9の安全対策がなされているかが一目でわかります。未設定の項目は、ポップアップで確認を促します。また、項目をタップして開かなくても、アイコンの表示で設定状態がわかります。

「設定」アプリ→［セキュリティとプライバシー］

●Googleアカウント

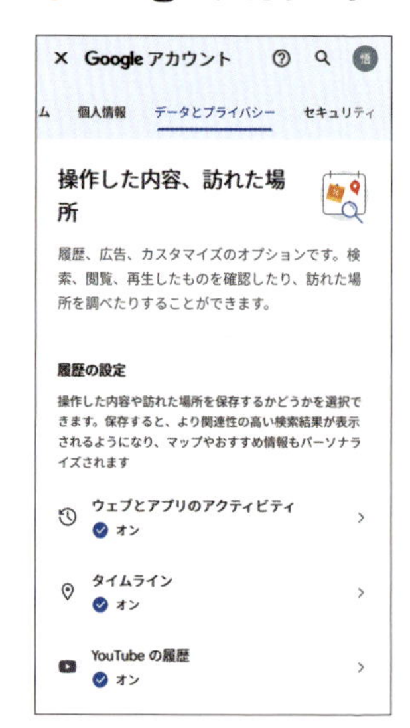

「データとプライバシー」タブでは、設定状態を確認するための“提案”が表示されたり、“診断”を行ったりすることができます。また、ユーザーの利用状況により、表示される項目が変わります。項目によっては、タップして開かなくてもアイコンによって設定状態がわかります。

「設定」アプリ→［Google］→［Googleアカウントの管理］

5

設定項目を検索する

「設定」アプリはカテゴリが多く、設定項目によっては階層が深いものがあります。すばやく設定項目にたどり着くために、キーワードで設定項目を検索するとよいでしょう。

1 「設定」アプリを起動し、[設定を検索] をタップします。

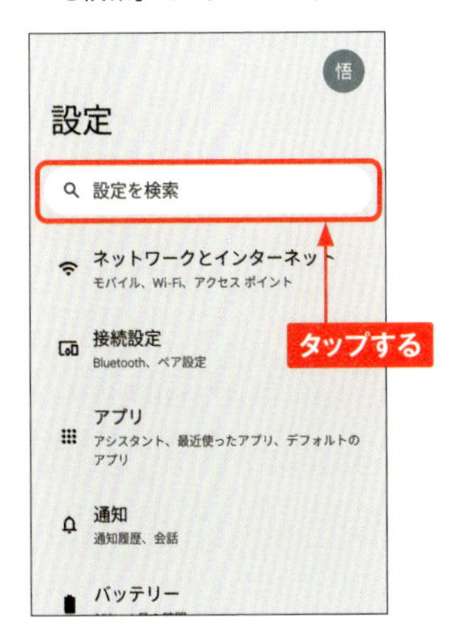

2 設定項目に関するキーワードを入力し、候補をタップします。

3 設定項目がハイライトで表示されます。

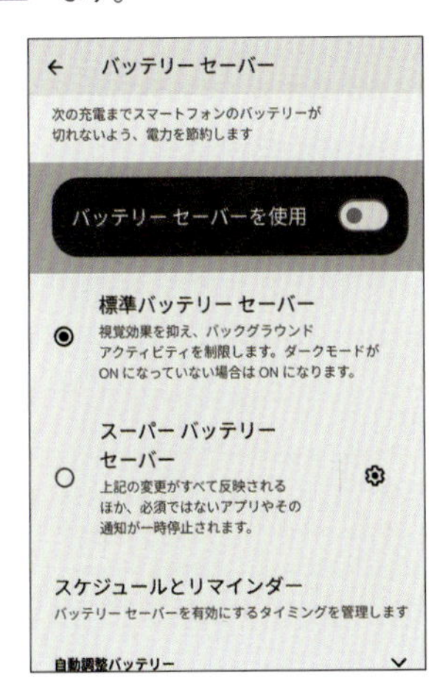

TIPS ヒントとサポートを活用する

[設定] アプリの画面下部の [ヒントとサポート] をタップすると、設定したいことや問題を文章で入力して、設定項目やヒントの記事を検索できます。サポートもここから受けられます。

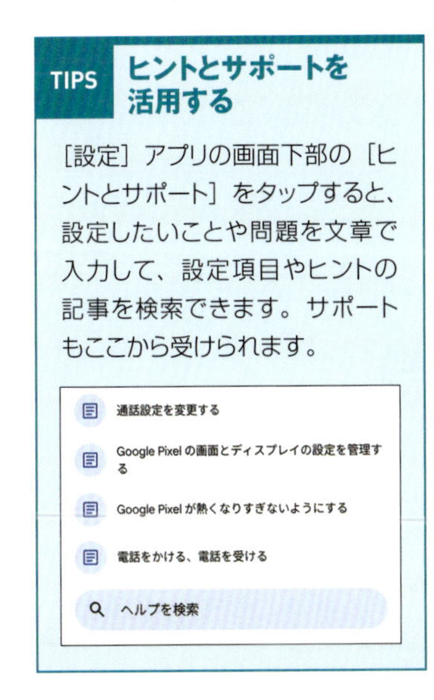

Section 117

Wi-Fiに接続する

「設定」アプリ

自宅のWi-Fiアクセスポイントや公衆無線LANなどのWi-Fiネットワークがあれば、モバイルネットワークを使わなくてもインターネットに接続できます。Wi-Fiを利用することで、より快適にインターネットが楽しめます。なお、Wi-Fiのオン／オフを切り替える場合は、クイック設定を利用すると便利です。

1 「設定」アプリを起動し、［ネットワークとインターネット］→［インターネット］の順にタップします。

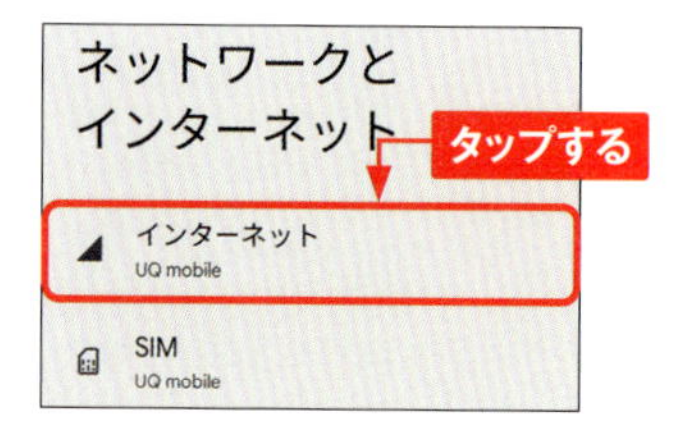

2 ［Wi-Fi］がオフの場合はタップしてオンにします。

3 接続するアクセスポイントをタップします。

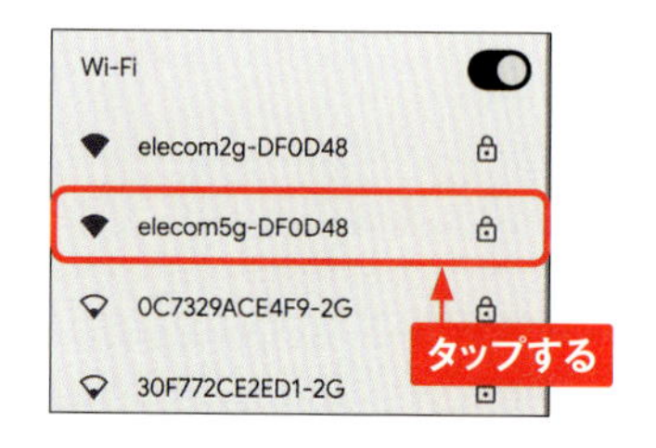

4 Wi-Fiネットワークのパスワードを入力し、［接続］をタップします。

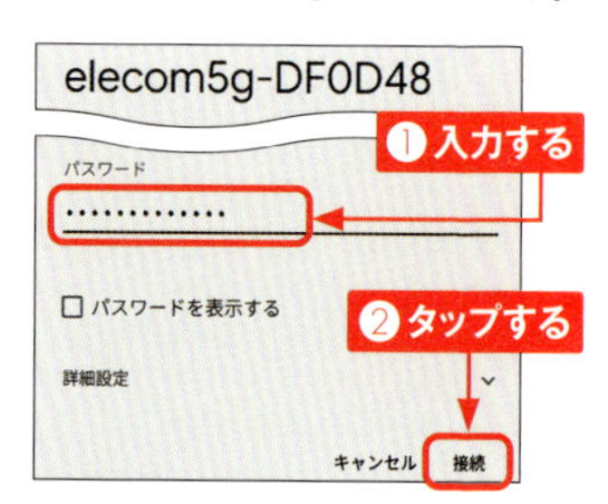

5 手順3の画面で、登録したアクセスポイント→［共有］の順にタップすると、QRコードやQuick Shareで、ほかの機器にアクセスポイント名とパスワードを共有することができます。

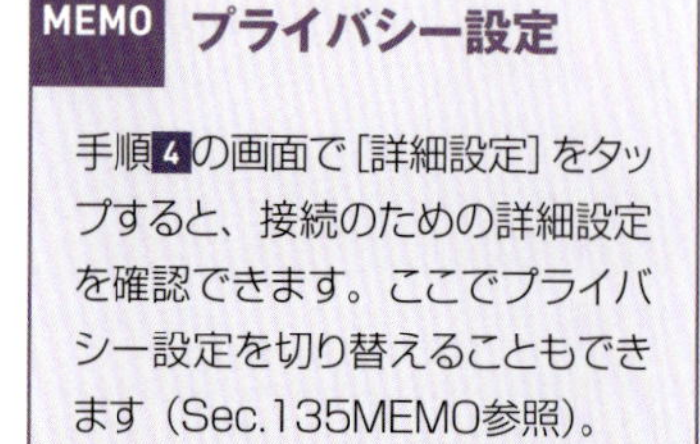

MEMO プライバシー設定

手順4の画面で［詳細設定］をタップすると、接続のための詳細設定を確認できます。ここでプライバシー設定を切り替えることもできます（Sec.135MEMO参照）。

Section 118

VPNサービスを利用する

「設定」アプリ

Pixel 9では、無料でGoogleのVPNサービスを利用することができます。VPN（仮想専用線）は通信データが暗号化されるので、安全にインターネットを利用することができます。一方、データのデコードのために通信速度が遅くなる可能性があります。

1 「設定」アプリを起動し、[ネットワークとインターネット]→[VPN]の順にタップします。

2 [Google VPN]をタップします。

3 [続きを見る]→[VPNを使用する]の順にタップします。

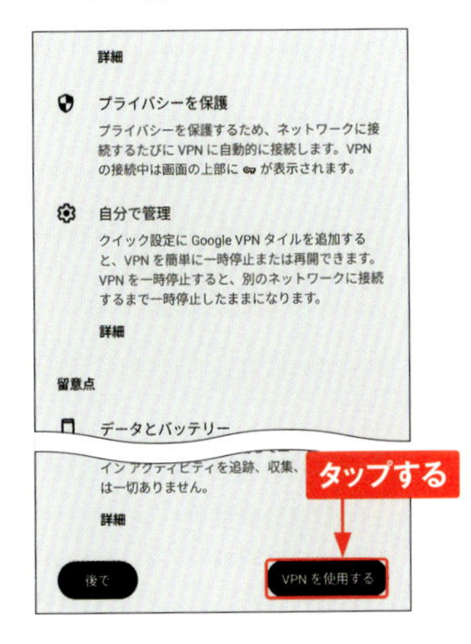

4 「VPNを使用」がオンになります。VPNでネットワークに接続しているときは「鍵」のステータスアイコンが表示されます。

5

「設定」アプリ

PixelをWi-Fiアクセスポイントにする

Wi-Fiテザリングをオンにすると、Pixel 9をWi-Fiアクセスポイントとして、タブレットやパソコンなどをインターネットに接続できます。出先などで活用するとよいでしょう。

1 「設定」アプリを起動し、［ネットワークとインターネット］→［アクセスポイントとテザリング］→「Wi-Fiアクセスポイント」のトグルの順にタップしてオンにします。

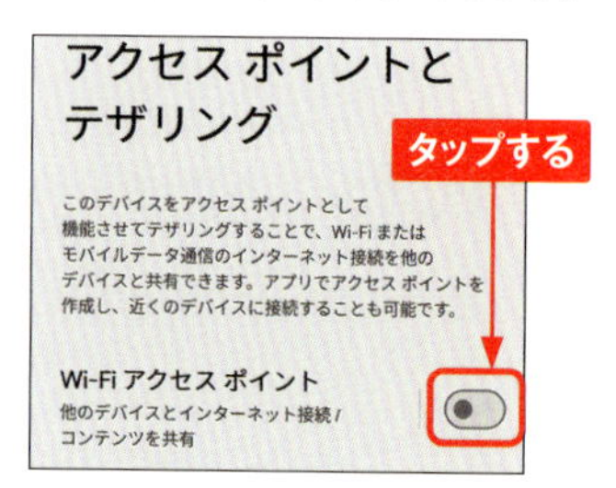

2 手順1の画面で［Wi-Fiアクセスポイント］をタップすると表示される画面では、アクセスポイント名やパスワードなどを設定できます。

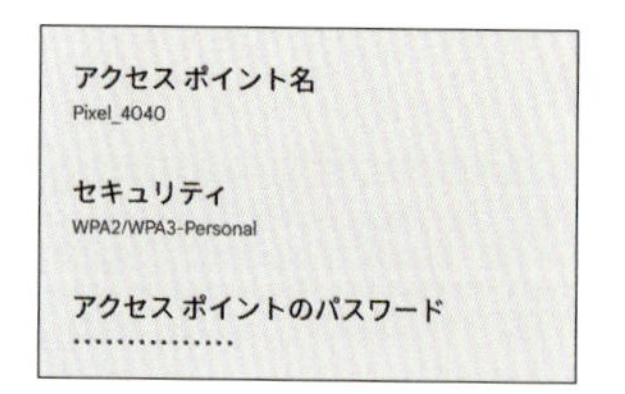

3 ほかの機器から接続するには、手順2の画面に表示されているアクセスポイント名（ここでは"Pixel_4040"）と、［アクセスポイントのパスワード］をタップして表示されるパスワードを利用します。

4 手順2の画面で、をタップするとQRコードやニアバイシェアで、ほかの機器にアクセスポイント名とパスワードを共有することができます。

TIPS 6GHz帯で接続する

手順2の画面で［速度と互換性］→［6GHz］の順にタップすると、6GHz帯を利用した高速かつ輻輳の少ないWi-Fi通信を利用できます。ただし、接続する機器が「Wi-Fi 6E」以降に対応している必要があります。

Section 120

Bluetooth機器を利用する

「設定」アプリ

Bluetooth対応のキーボード、イヤフォンなどとのペアリングは以下の手順で行います。Bluetoothは、ほかの機器との通信のほかに、Quick Shareなどで付近のスマートフォンとのデータ通信にも使用されます。

1 接続するBluetooth機器の電源をオンにし、「設定」アプリで、[接続設定] → [新しいデバイスとペア設定] の順にタップします。

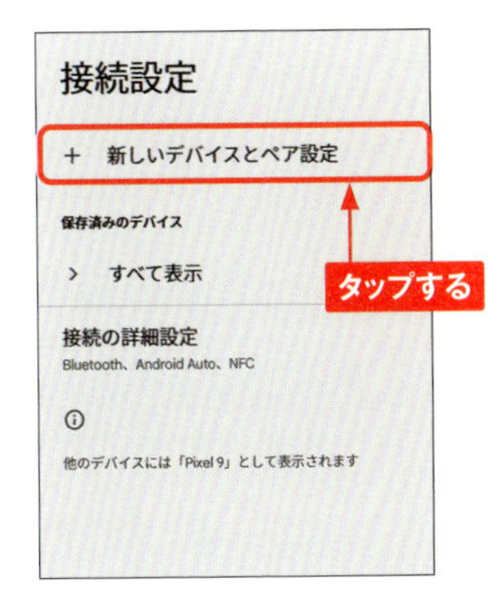

2 接続するBluetooth機器名をタップします。

3 [ペア設定する] をタップします。ペアリングコードを求められた場合は、入力します。

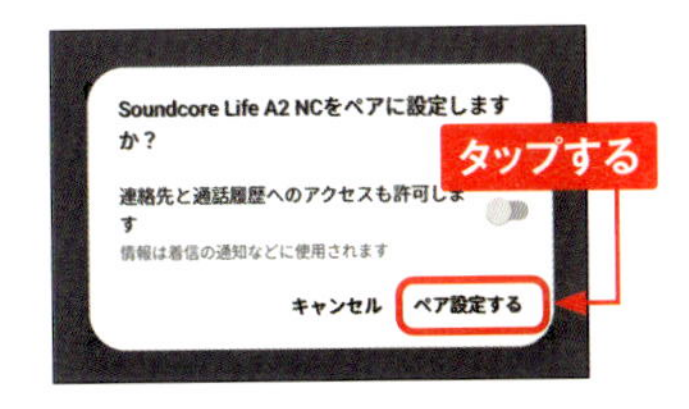

4 Bluetooth機器が接続されます。なお、接続を解除するには、機器の右側の⚙をタップし、[接続を解除] をタップします。

MEMO NFC対応機器を接続する

NFC対応のBluetooth機器を接続する場合は、手順**1**の画面で[接続の詳細設定]をタップし、「NFC」がオンになっていることを確認して、背面を機器のNFCマークに近付け、画面の指示に従って接続します。

5

Section 121

「設定」アプリ

Bluetoothテザリングを利用する

Bluetoothテザリングをオンにすると、Pixel 9のBluetoothを経由して、スマートフォンやパソコンなどをインターネットに接続できます。Wi-Fiテザリング（Sec.119参照）を利用するよりもバッテリーの消費が少ないため、機器がBluetoothに対応している場合におすすめの接続方法です。

1 「設定」アプリを起動し、[ネットワークとインターネット] → [アクセスポイントとテザリング] → [Bluetoothテザリング] の順にタップします。

2 Bluetoothテザリングがオンになります。接続するデバイスのBluetoothをオンにします。

3 P.155手順1〜2の画面で、接続するデバイス名をタップします。接続するデバイスから、BluetoothでPixelと接続します。

4 「Bluetoothペア設定コード」が表示される場合は、[ペア設定する] をタップすると接続が完了します。

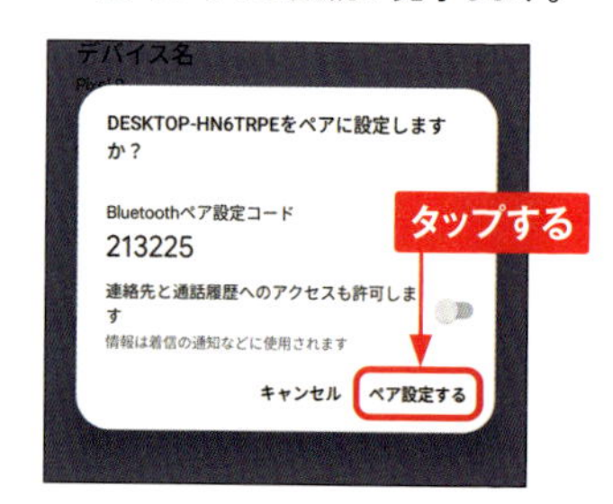

Section 122

「設定」アプリ

データ通信量が多いアプリを探す

契約している携帯電話会社のデータプランで定められている月々のデータ通信量を上回ると通信速度に制限がかかることもあります。アプリごとのデータ通信量を調べることができるので、通信量が多いアプリを見つけて、Sec.123の方法でバックグラウンドでの通信をオフにするなどの対処をするとよいでしょう。

1 「設定」アプリを起動し、[ネットワークとインターネット] → [インターネット] の順にタップします。

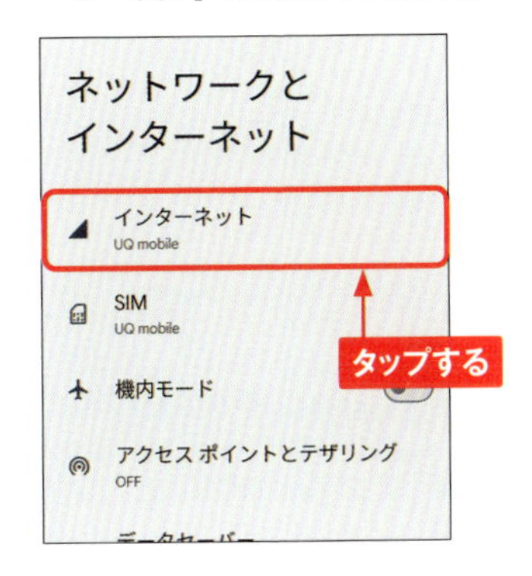

2 利用しているネットワーク名の⚙をタップします。

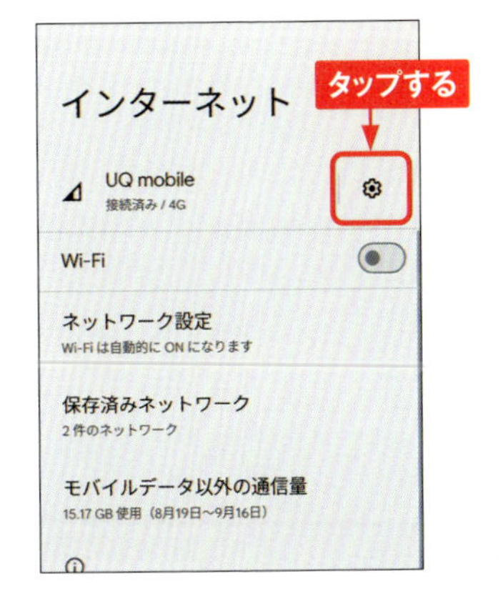

3 [アプリのデータ使用量] をタップします。

4 データ通信量の多い順にアプリが一覧表示され、それぞれのデータ通信量を確認できます。

5

Section 123

「設定」アプリ

アプリごとに通信を制限する

アプリの中には、使用していない状態でも、バックグラウンドでデータの送受信を行うものがあります。バックグラウンドのデータ通信はアプリごとにオフにすることができるので、データ通信量が気になるアプリはオフに設定しておきましょう。ただし、バックグラウンドのデータ通信がオフになると、アプリからの通知が届かなくなるなどのデメリットもあることに注意してください。

1 P.157手順4の画面で、バックグラウンドのデータ通信をオフにしたいアプリをタップします。

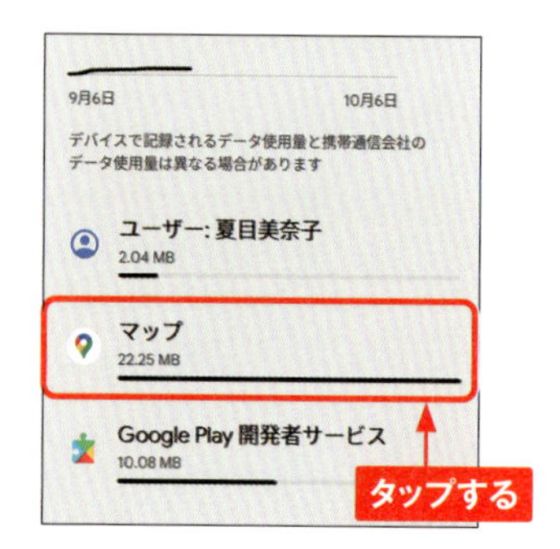

2 ［バックグラウンドデータ］をタップします。

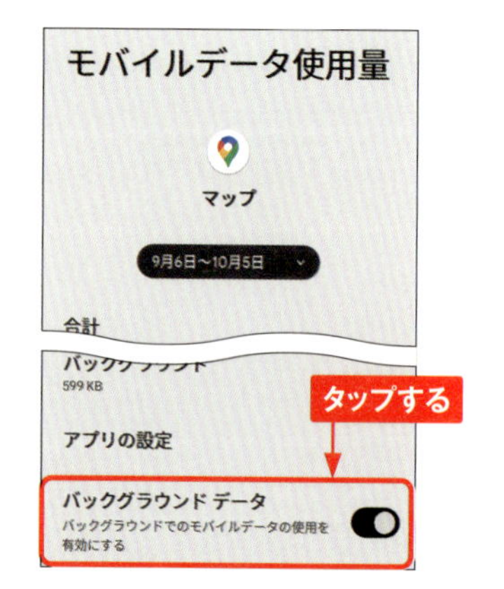

3 バックグラウンドのデータ通信がオフになります。

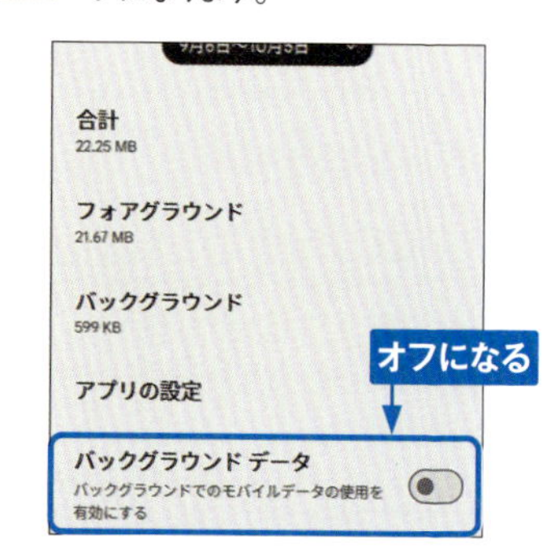

MEMO **データセーバーを使用する**

データセーバーを使用すると、複数のアプリのバックグラウンドのデータ通信を一括してオフにできます。データセーバーをオンにするには、P.157手順1の画面で［データセーバー］→［データセーバーを使用］の順にタップします。

5

通知を設定する

「設定」アプリ

アプリやシステムからの通知は、「設定」アプリで、通知のオン／オフを設定することができます。アプリによっては、通知が機能ごとに用意されています。たとえばSNSアプリには、「コメント」「いいね」「おすすめ」「最新」「リマインダー」などに、それぞれの通知があります。これらを個別にオン／オフにすることもできます。

通知をオフにする

1 ホーム画面を下方向にスワイプして通知パネルを表示し、通知を長押しします。

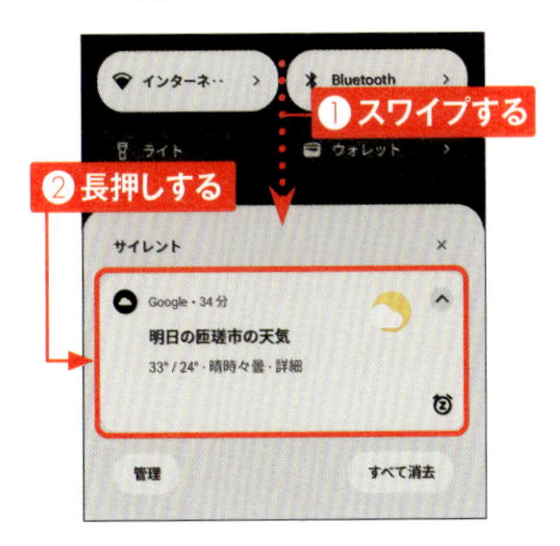

2 ［通知をOFFにする］をタップします。

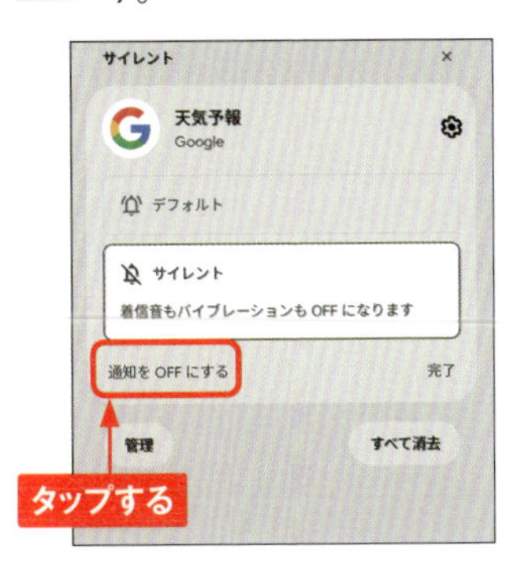

3 その通知の設定パネルが開きます。

4 すべての通知か、機能ごとの通知のトグルをタップしてオフにして、［適用］をタップします。

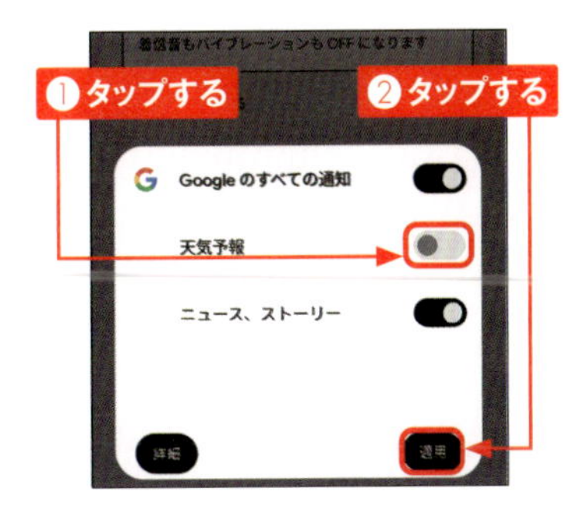

通知のオン／オフを見直す

1 ホーム画面を下方向にスワイプして通知パネルを表示し、［管理］をタップします。

2 「設定」アプリの「通知」が開きます。［アプリの通知］をタップします。

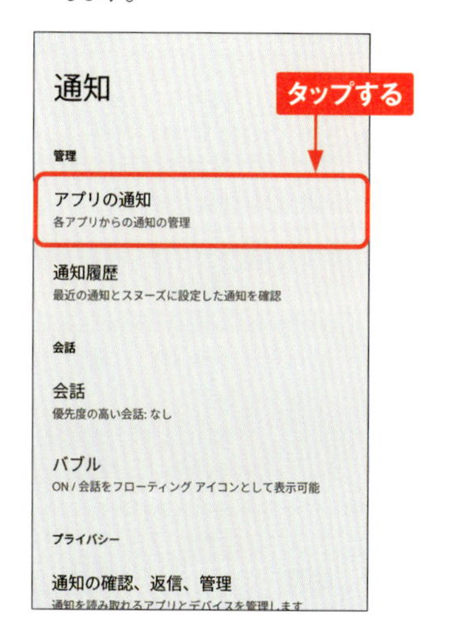

3 アプリ名の右側のトグルをタップすると、そのアプリのすべての通知がオフ／オンになります。［新しい順］をタップすると、通知件数の多いアプリや、通知がオフになっているアプリを表示することができます。

4 手順**3**の画面でアプリ名をタップします。アプリによって、機能ごとの通知を個別にオン／オフにすることができます。

Section 125

「設定」アプリ

通知をサイレントにする

アプリやシステムからの通知は、音とバイブレーションでもアラートされます。通知が多くてアラートが鬱陶しいときは、アラートをオフにしてサイレントにすることができます。届いた通知から個別に設定できるので、重要度の低い通知をサイレントにするとよいでしょう。

1 ホーム画面を下方向にスワイプして、通知パネルを表示します。サイレントにする通知を長押しします。

2 ［サイレント］→［適用］の順にタップします。

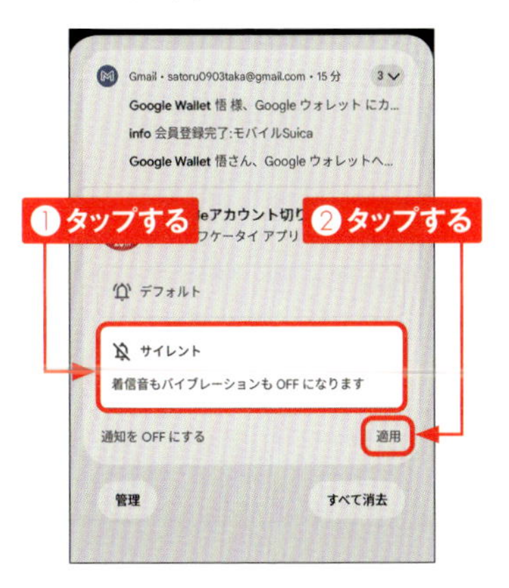

3 サイレントにした通知は、下段に表示されるようになります。

TIPS ふせる動作でサイレントモードにする

P.18手順3の画面で、［ふせるだけでサイレントモードをオン］をタップして、次の画面でオンにすると、Pixel 9の画面を下にして置くだけで、サイレントモードになります。

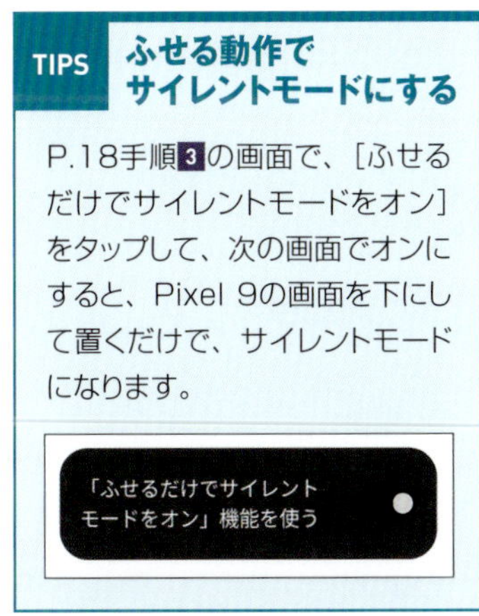

Section 126

「設定」アプリ

通知のサイレントモードを使う

すべての通知をアラートしなくなるのがサイレントモードです。サイレントモードをオンにすると、手動でオフにするか、設定時間が経過するまで継続します。また“通知の割り込み”で、サイレントモード中であっても通知される人物やアプリを指定することができます。

1 ホーム画面を下方向にスワイプしてクイック設定を表示します。[サイレントモード] タイルをタップしてオンにすると、通知がアラートされなくなります。

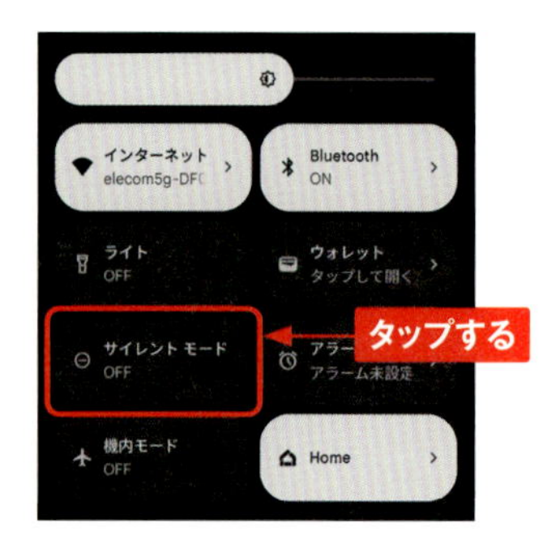

2 手順**1**の画面で、[サイレントモード] タイルを長押しすると、「設定」アプリの「サイレントモード」が開きます。

3 手順**2**の画面で [人物] や [アプリ] をタップして、サイレントモード中でも割り込んでアラートされる通知を設定することができます。

MEMO **サイレントモードの時間を設定する**

手順**2**の画面で、[クイック設定の持続時間] をタップすると、サイレントモードの継続時間を設定することができます。

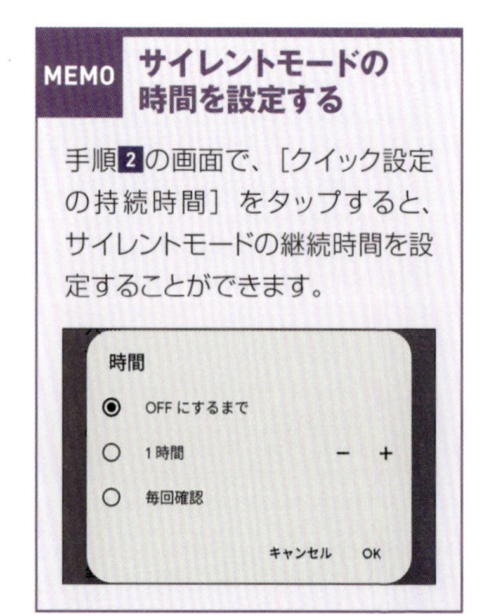

5

「設定」アプリ

通知のスヌーズを利用する

届いた通知を開いたり削除したりせずに、後に再表示させるのが通知のスヌーズ機能です。今は忙しくて対応する時間がないけれど、忘れずにあとで見たいニュースや、返信したいメッセージなどの通知に有効です。

1 ホーム画面を下方向にスワイプして通知パネルを表示し、[管理]をタップします。[履歴]になっている場合は、「設定」アプリから「通知」を開きます。

2 [通知のスヌーズを許可する]がオフの場合は、タップしてオンにします。

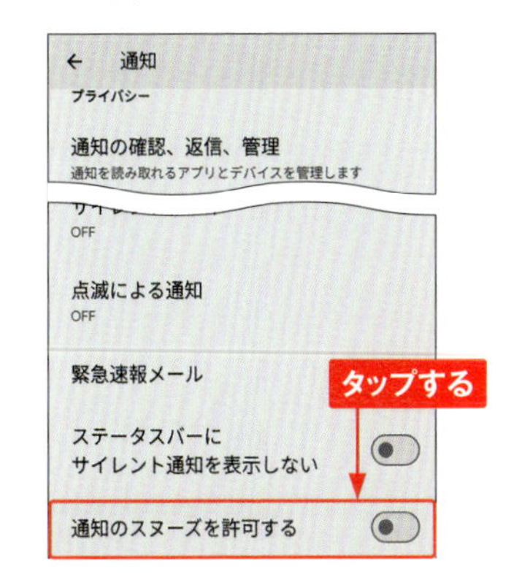

3 通知の右下に⏰が表示されるようになるので、タップします。

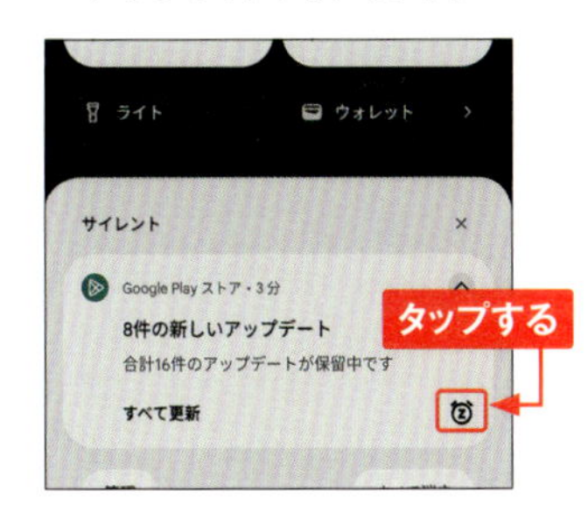

4 [スヌーズ:1時間]をタップするか、⌄をタップしてスヌーズの時間を15分、30分、2時間から選びます。そのまま画面を上方向にスワイプして通知パネルを閉じます。

5 手順**4**で指定した時間が経過すると、再び通知が表示されます。

「設定」アプリ

ロック画面に通知を表示しないようにする

初期状態では、ロック画面に通知が表示されるように設定されています。目を離した隙に他人に通知をのぞき見されてしまう可能性があるため、不安がある場合はロック画面に通知が表示されないように変更しておきましょう。

1 「設定」アプリを起動し、[通知]をタップします。

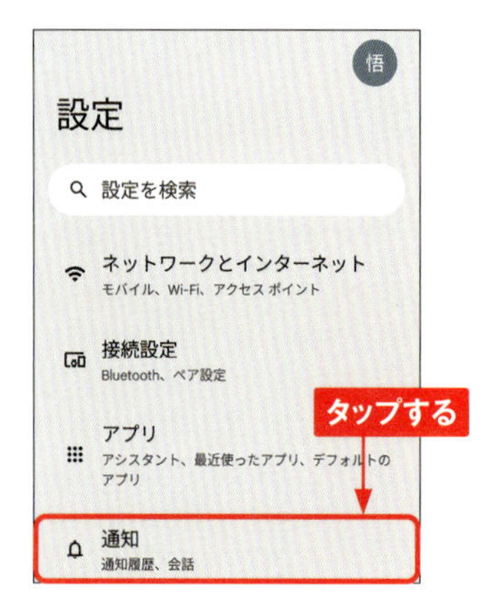

2 [ロック画面上の通知]をタップします。

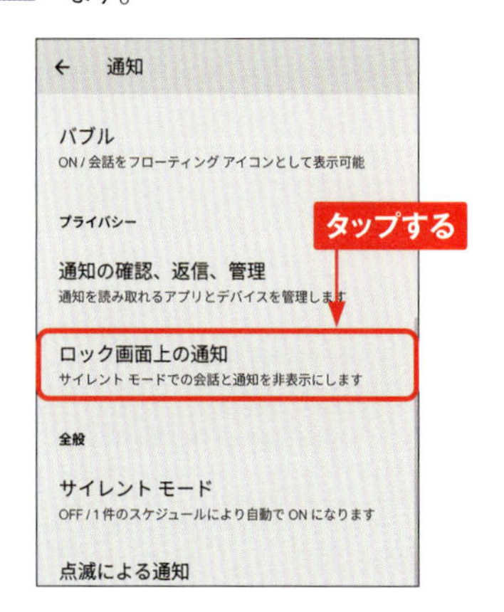

3 [通知を表示しない]をタップします。

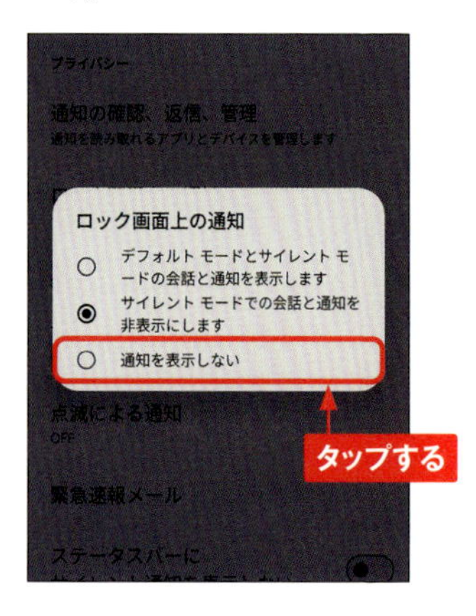

4 ロック画面上に通知が表示されないように設定されます。

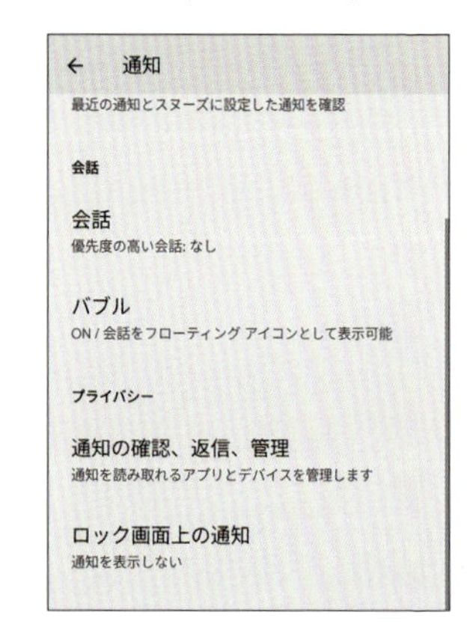

Section 129

「設定」アプリ

スリープ状態で画面を表示する

Pixel 9はスリープ状態でも、日時や通知アイコンなどの情報を画面に表示することができます。また初期設定では、画面をタップしたときや、Pixel 9を持ち上げたときに日時や通知アイコンが表示されますが、これをオフにすることもできます。

1 「設定」アプリを起動し、[ディスプレイとタップ] をタップします。

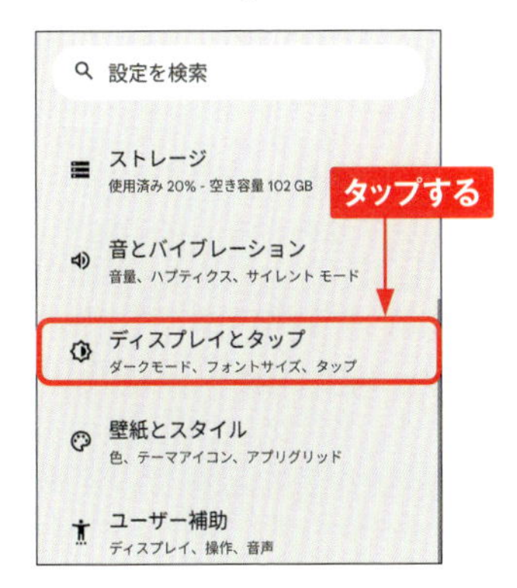

2 [ロック画面] をタップします。

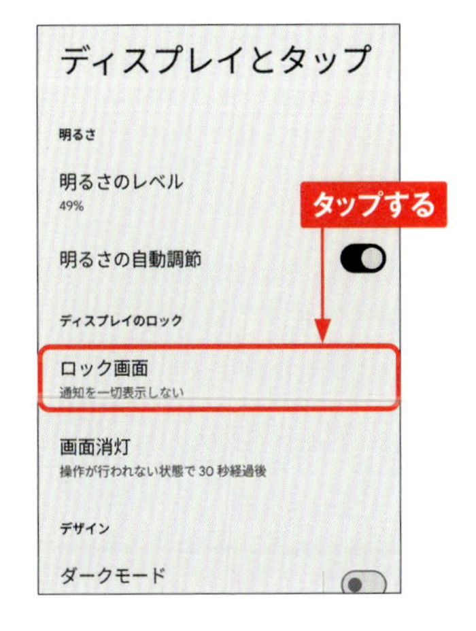

3 [時間と情報を常に表示] をタップしてオンにします。

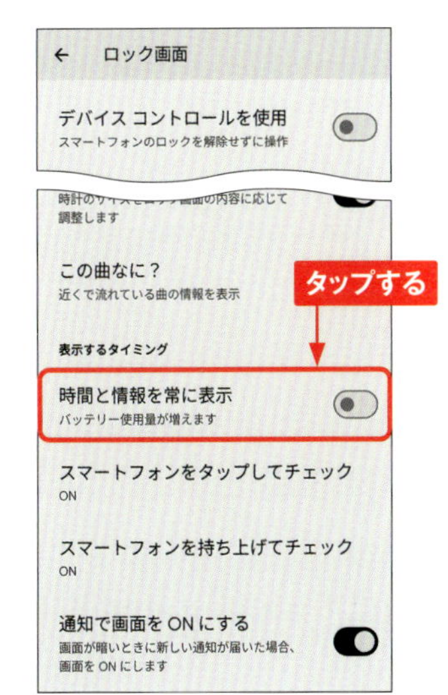

TIPS 画面表示の設定

手順3の設定を行わずに、[スマートフォンをタップしてチェック]、[スマートフォンを持ち上げてチェック] をそれぞれタップして、次の画面でオフにすると、電源ボタンを押さないと画面が表示されなくなります。

Section 130

「設定」アプリ

バッテリーセーバーを利用する

バッテリーセーバーを使うと、一部の機能やバックグラウンドでの動作を制限して、消費電力を抑えることができます。画面がダークモード（Sec.018参照）になるほか、バックグラウンド通信も制限されます。

1 「設定」アプリを起動し、[バッテリー] → [バッテリーセーバー] の順にタップします。

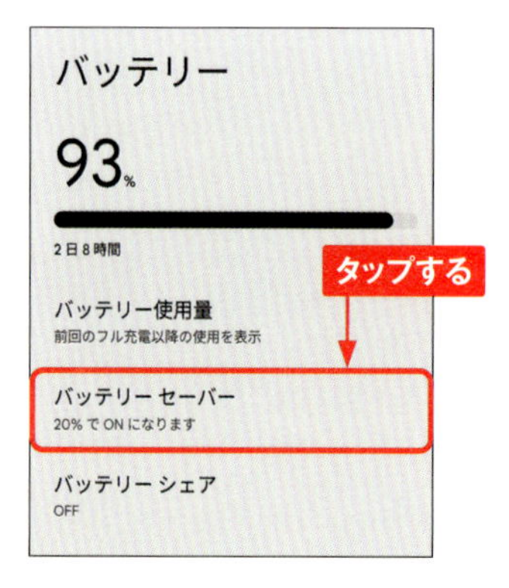

2 [バッテリーセーバーを使用]をタップしてオンにします。

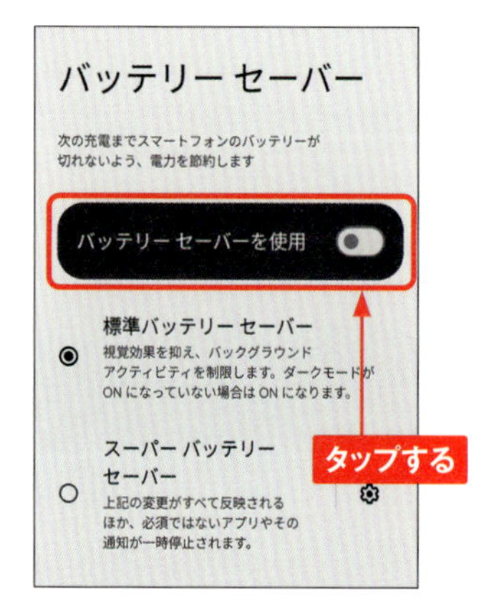

3 手順**2**の画面で［スーパーバッテリーセーバー］をタップしてオンにすると、必須アプリ以外のアプリの動作や通知が停止され、さらに消費電力を抑えることができます。⚙をタップすると、必須アプリの種類を変更できます。

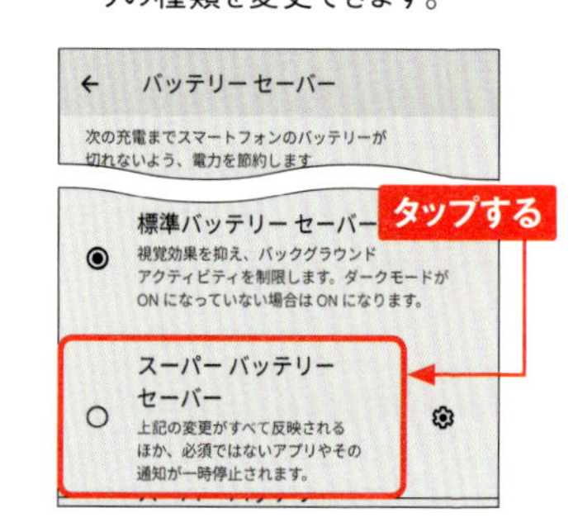

TIPS　バッテリーのサイクル回数

「設定」アプリ→［デバイス情報］→［バッテリー情報］の順にタップすると、バッテリーのサイクル回数を確認できます。バッテリーを100%から0%まで使用した場合の電力量を1サイクルと計測し、バッテリーの寿命を推定するために使われます。500回～1000回がバッテリー交換の目安とされています。

「設定」アプリ

アプリごとのバッテリー使用量を確認する

「設定」アプリの「バッテリー使用量」では、前回のフル充電からのバッテリー使用量をアプリごとに確認することができます。また、アプリのバックグラウンド時のバッテリー使用量を制限して、バッテリーを節約することができます。

1 「設定」アプリを起動し、[バッテリー] → [バッテリー使用量] の順にタップします。

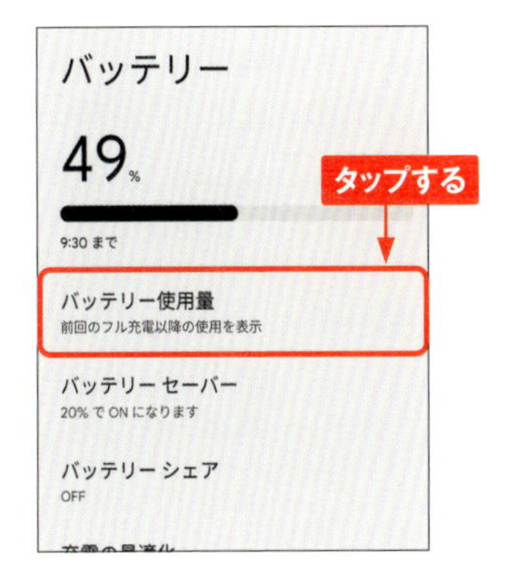

2 前回のフル充電以降のバッテリー使用量が高い順に、アプリが表示されます。任意のアプリをタップします。

3 フォアグラウンドとバックグラウンドでの利用時間がわかります。

4 [バックグラウンドでの使用を許可] のトグルをタップしてオフにすると、そのアプリのバックグラウンド動作を停止して、消費電力を抑えることができます。

Section 132

「設定」アプリ

利用時間を見える化する

利用時間ダッシュボードを使うと、Pixel 9の利用時間をグラフなどで詳細に確認できます。各アプリの利用時間のほか、起動した回数や受信した通知数も表示されるので、Pixel 9に関するライフスタイルの確認に役立ちます。

1 「設定」アプリを起動し、[Digital Wellbeingと保護者による使用制限]をタップします。

2 今日の各アプリの利用時間が円グラフで表示されます。[今日]をタップします。

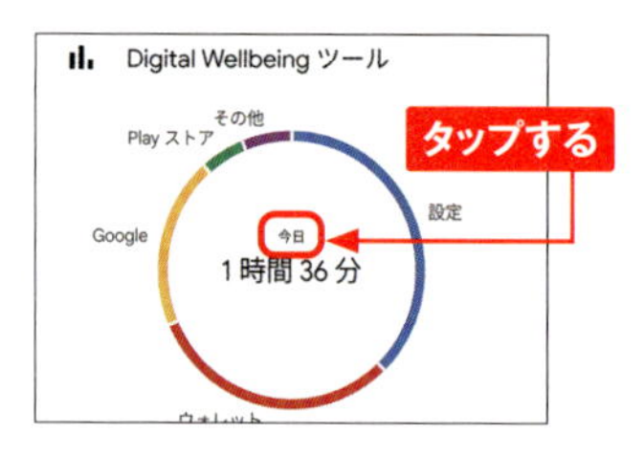

3 直近の曜日の利用時間がグラフで表示されます。任意の曜日をタップします。

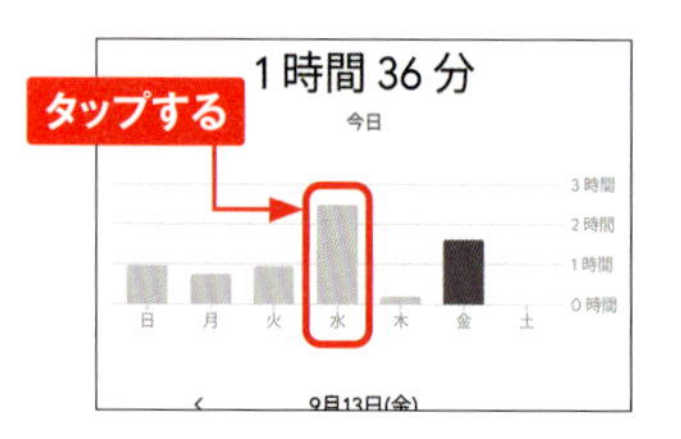

4 手順3でタップした曜日の利用時間が表示されます。画面下部には各アプリの利用時間が表示されます。

MEMO 通知数や起動回数を確認する

手順3の画面で、[利用時間]をタップし、[受信した通知数]や[起動した回数]をタップして表示を切り替えると、それぞれの回数を確認することができます。

Section 133

「設定」アプリ

アプリの利用時間を制限する

Digital Wellbeingでは、アプリごとに利用できる時間を設定しておくことができます。指定した時間が経過すると、アプリが停止して利用できなくなります。ゲームやSNSなど、利用時間が気になるアプリで設定しておき、ライフスタイルを改善しましょう。

1 P.168手順4の画面で、利用時間を設定するアプリをタップし、［アプリタイマー］をタップします。

2 時間を上下にドラッグして設定し、［OK］をタップします。

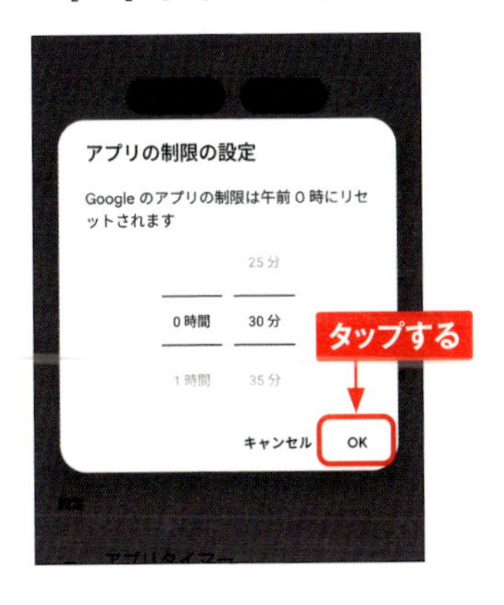

3 設定した利用時間が経過すると、アプリが停止し、その日はアプリを利用できなくなります。

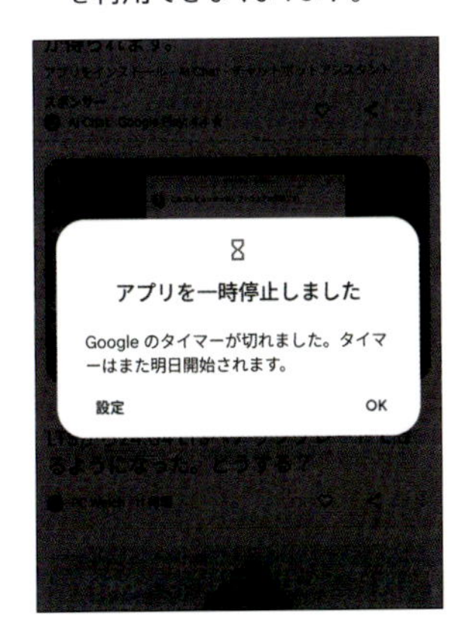

TIPS フォーカスモード

仕事や勉強に集中したいとき、妨げになるアプリを停止するのがフォーカスモードです。設定した時間内は指定したアプリを起動できなくなり、アプリからの通知も届かなくなります。「設定」アプリ→［Digital Wellbeingと保護者による使用制限］→［フォーカスモード］から設定します。

Section 134

おやすみ時間モードにする

「設定」アプリ

「おやすみ時間モード」は就寝時に利用するモードです。デフォルトでは、通知がサイレントモードになり、画面がグレースケールになります。枕元にPixel 9を置いておいて、寝床に居た時間のほか、咳の回数、いびきの時間などを測定することもできます。おやすみ時間モードの設定は「時計」アプリからも行えるほか、クイック設定からオン／オフを切り替えられます。

1 「設定」アプリを起動し、[Digital Wellbeingと保護者による使用制限] → [おやすみ時間モード] の順にタップします。

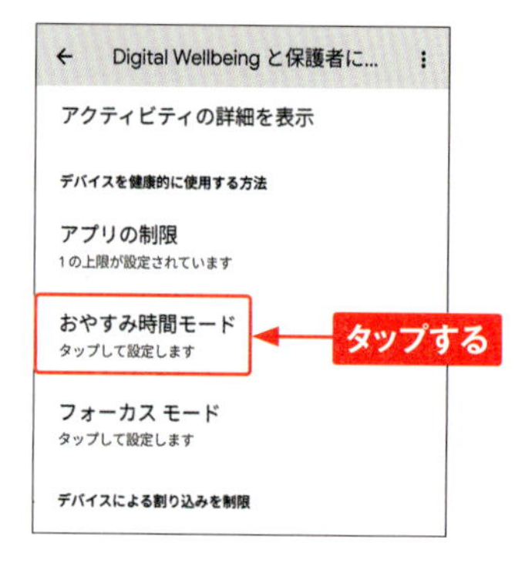

2 サイレントモードを有効にするか確認し、[次へ] をタップします。

3 表示されている各項目をタップして、曜日や開始ー終了時間を設定します。充電中だけモードをオンにすることもできます。[完了] をタップします。

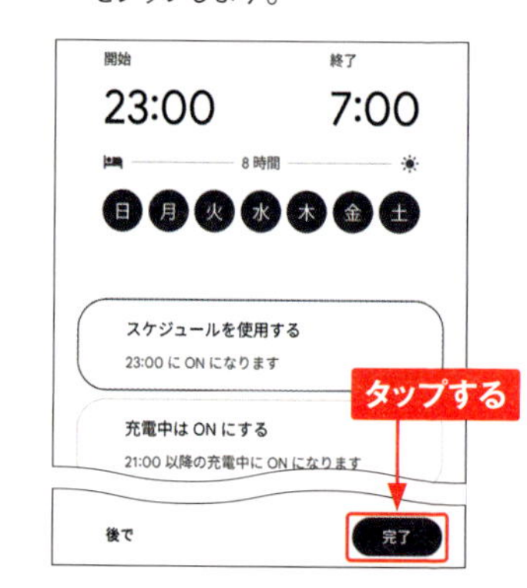

4 アプリの使用状況データ、センサーデータへのアクセス、マイクへのアクセスを許可すると、寝床にいた時間や咳といびきを記録できます。

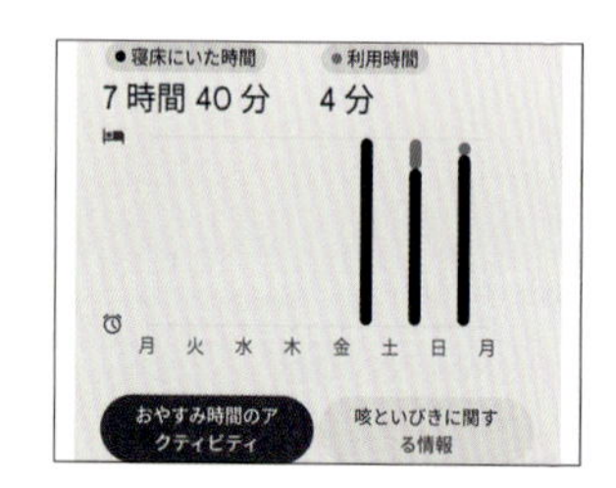

「設定」アプリ

電話番号やMACアドレスを確認する

Pixel 9で使用している電話番号は、「設定」アプリのデバイス情報で確認できます。新しい電話番号に変えたばかりで忘れてしまったときなどに確認するとよいでしょう。Wi-FiのMACアドレスもここから確認できます。

1 「設定」アプリを起動し、[デバイス情報]をタップします。

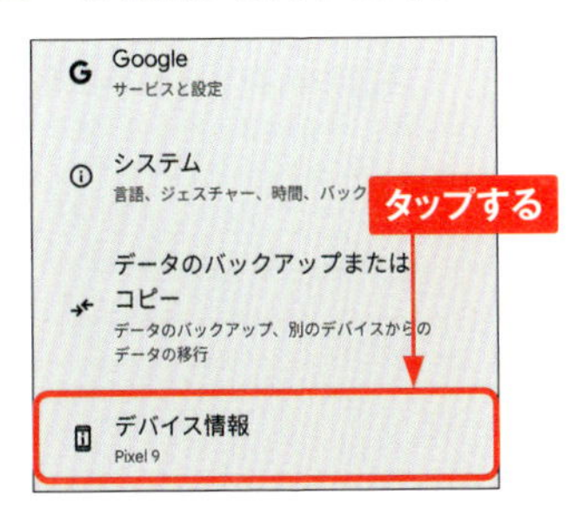

2 「電話番号」にSIMの電話番号が表示されます。

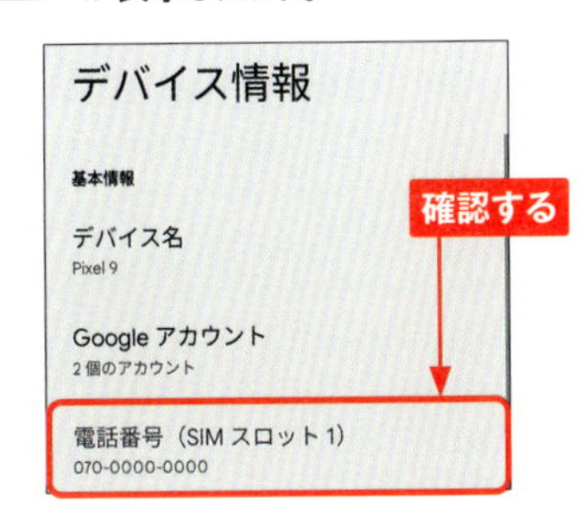

MEMO Wi-FiのMACアドレスを確認する

IPアドレスやBluetoothアドレス、ネットワーク機器に割り当てられている個別の識別番号「MACアドレス」も、手順**2**の画面で確認できます。
Pixel 9を含めて最近の機器は、Wi-Fi MACアドレスのランダム化がデフォルトでオンになっています。Wi-Fiルーターなどで、MACアドレスのフィルタリングを行う場合は、ランダム化をオフにします。手順**2**の画面で［Wi-Fi MACアドレス］→接続先のSSID→［プライバシー］の順にタップして設定します。

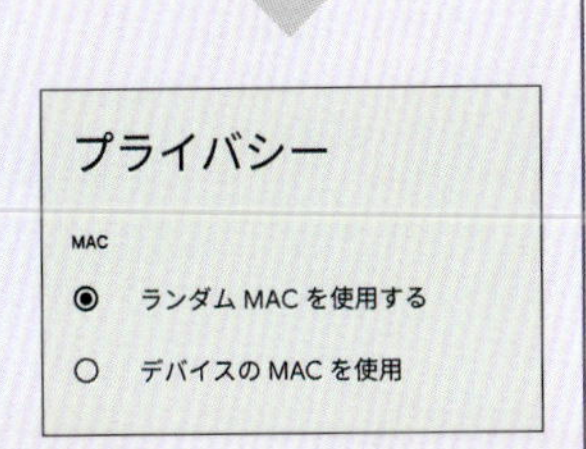

Section 136

緊急情報を登録する

「緊急情報」アプリ

「緊急連絡先」には、非常時に通報したい家族や親しい知人を登録しておきます。また、「医療に関する情報」には、血液型、アレルギー、服用薬を登録することができます。どちらの情報も、ロック解除の操作画面で［緊急通報］をタップすると、誰にでも確認してもらえるので、ユーザーがケガをしたり急病になったりしたときに役立ちます。また、緊急事態になったときや、事件事故に遭ったときには、緊急連絡先に位置情報を提供するように設定できます。

1 「緊急情報」アプリを起動し、［あなたの情報］をタップします。

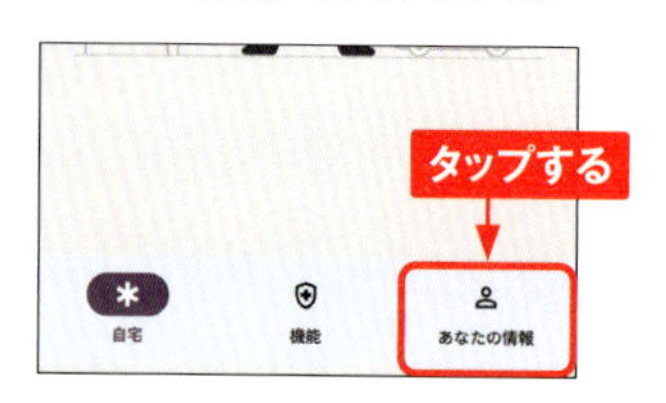

2 ［緊急連絡先］をタップします。

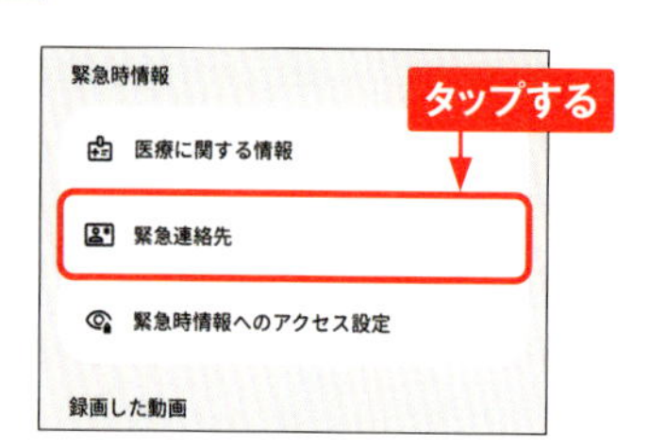

3 ［連絡先の追加］をタップして、「連絡帳」から連絡先を選択します。

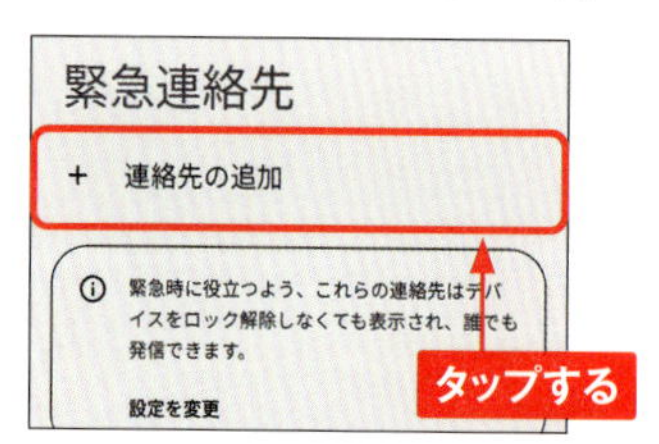

4 手順**2**の画面で［医療に関する情報］をタップして、必要な情報を入力します。

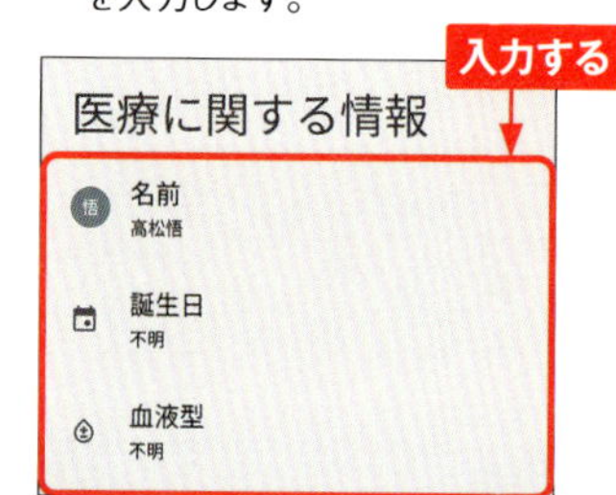

TIPS 緊急情報サービス

「緊急情報」アプリからは、緊急情報の登録のほかに、次の機能の確認と設定を行うことができます。万が一の場合に備えて、ぜひとも確認しておきましょう。

- 事件に巻き込まれたときに起動すると110番通報などをまとめて行う「緊急SOS」
- 自動車事故に遭って、ユーザーが応答しない場合に119番通報する「自動車事故検出」
- 災害の通報や情報を受け取る「災害情報アラート」

5

Section 137

「設定」アプリ

画面ロックの暗証番号を設定する

画面ロック解除の操作方法は、パターン、PIN（暗証番号）、パスワードのいずれかと、生体認証を設定することができます。ロック画面にどのように通知を表示するかも同時に設定しておきましょう。

1 「設定」アプリを起動し、[セキュリティとプライバシー] → [デバイスのロック解除] → [画面ロックを設定] の順にタップします。

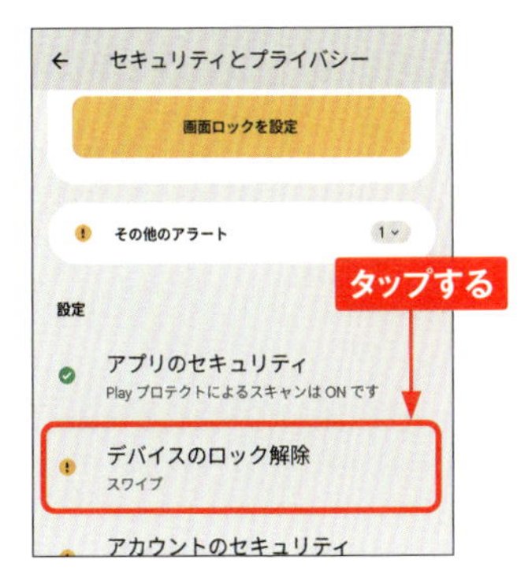

2 [PIN] をタップします。なお、[パターン] をタップするとパターンでのロックを、[パスワード] をタップするとパスワードでのロックを設定できます。

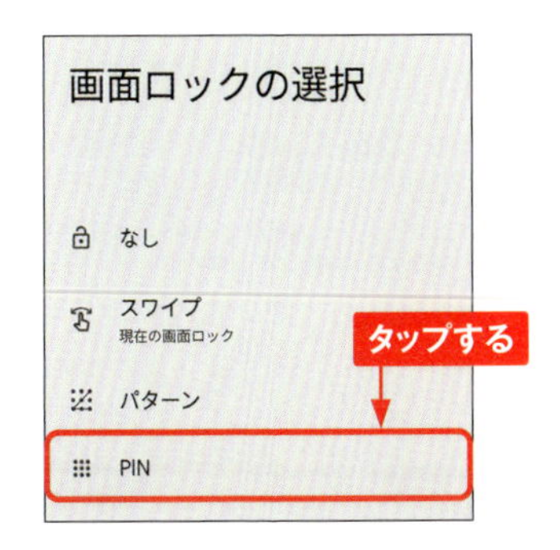

3 4桁以上の暗証番号を入力し、[次へ] をタップします。次の画面で同じ暗証番号を入力し、[確認] をタップします。

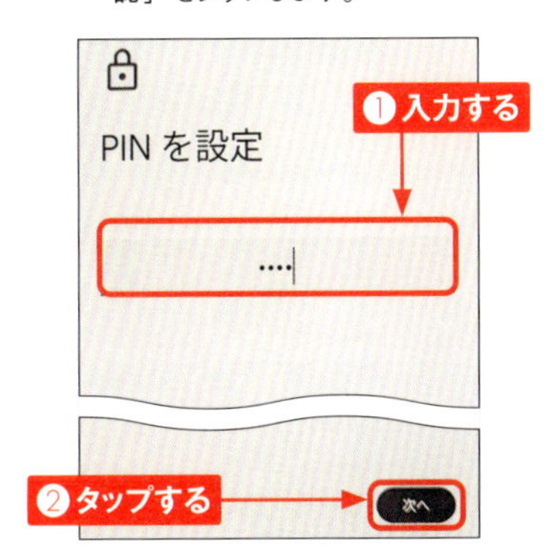

4 ロック画面での通知の表示方法をタップして選択し、[完了] をタップします。

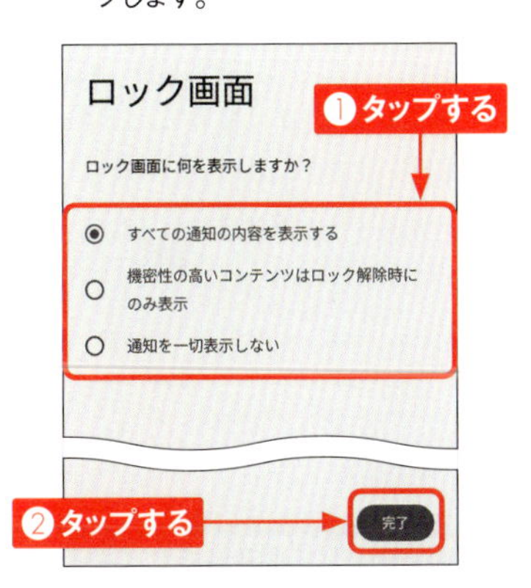

5

「設定」アプリ

生体認証でロックを解除する

生体認証を設定すると、指紋認証センサーに触れたり、Pixel 9を顔にかざしたりするだけでロックを解除することができます。なお生体認証は、パターン、PIN、パスワードのいずれかのロックと併用する必要があります。

1 「設定」アプリを起動し、[セキュリティとプライバシー]をタップします。

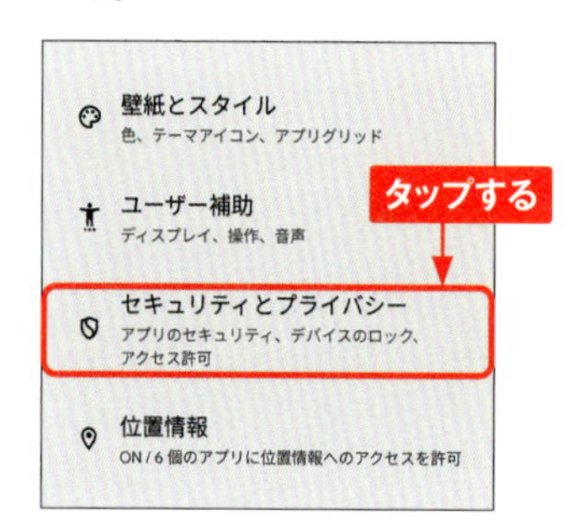

2 [デバイスのロック解除]→[顔認証と指紋認証]の順にタップします。次の画面で、PINの入力など、設定してあるロック解除の操作を行います。

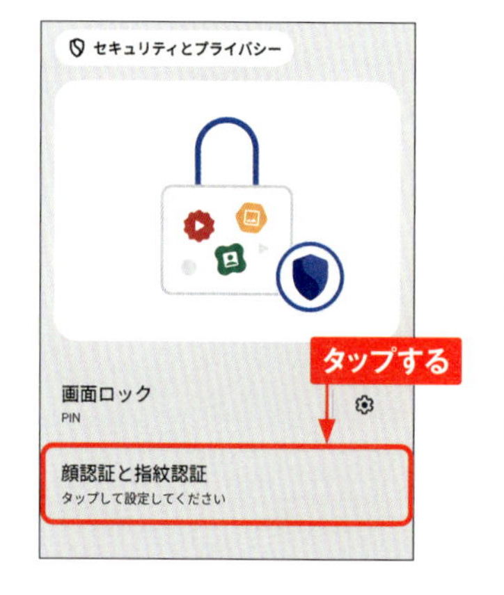

3 [指紋認証]をタップします。

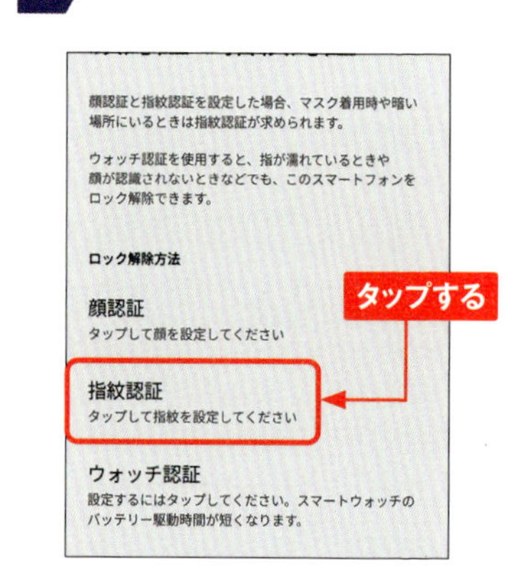

4 [もっと見る]→[同意する]の順にタップします。

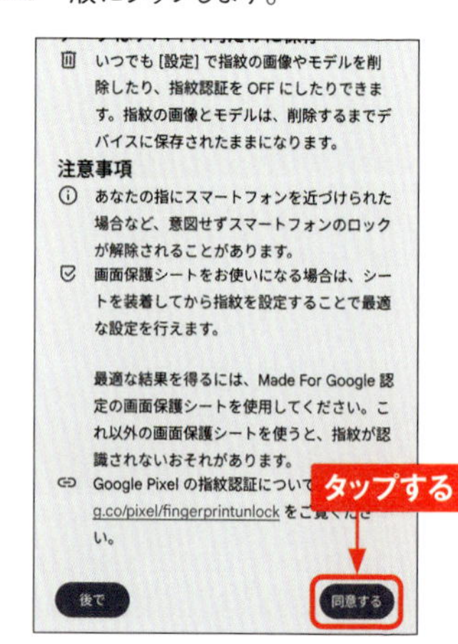

5 ［開始］をタップします。

6 画面上の指紋アイコンに指で触れて、振動したら指を離します。何度か繰り返します。

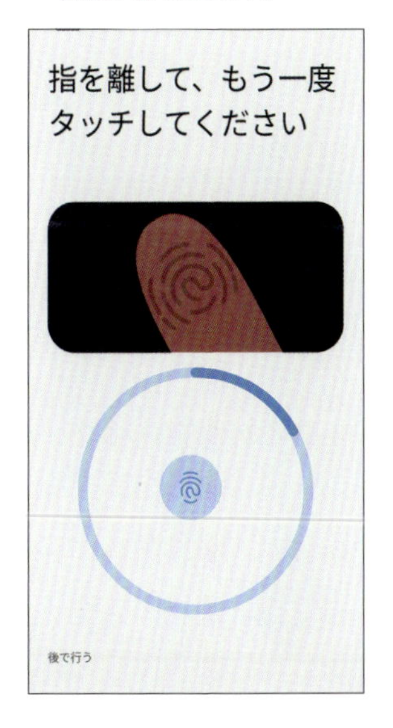

7 指紋の登録が完了したら、［完了］をタップします。

8 ほかの指の指紋を登録するには、［指紋を追加］をタップします。

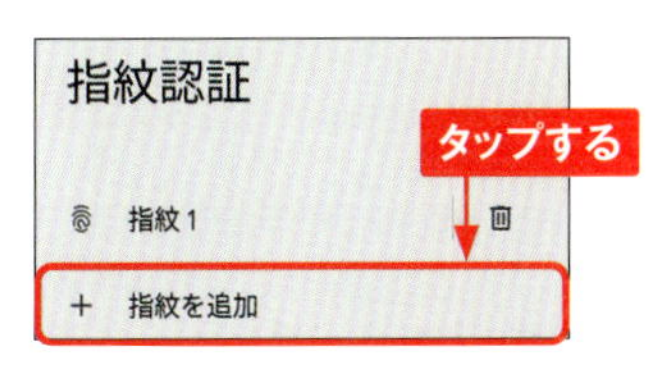

MEMO 顔認証を設定する

Pixelで顔認証を利用する場合は、P.174手順3の画面で［顔認証］をタップし、Pixel 9を顔にかざして登録します。

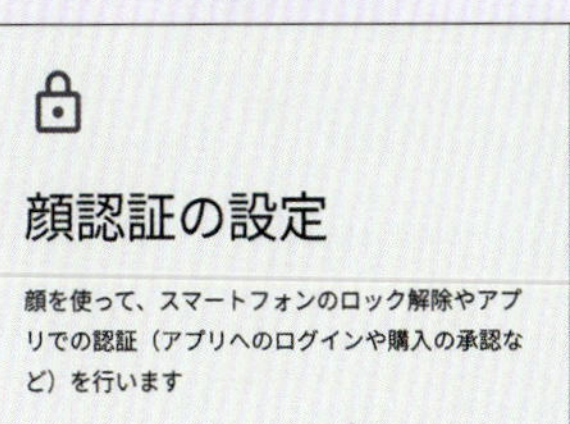

「設定」アプリ

信頼できる場所でロックを解除する

信頼できる場所として自宅や職場などを設定すると、その場所にいたときに画面のロックが解除されるようにできます。なお、あらかじめPINなどの画面ロック（Sec.137参照）を設定していないとこの設定はできません。

1 「設定」アプリを起動し、［セキュリティとプライバシー］をタップします。

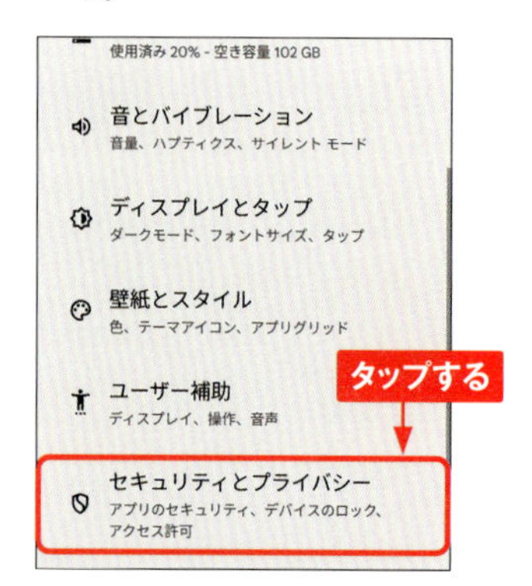

2 ［その他のセキュリティとプライバシー］→［ロック解除延長］の順にタップします。次の画面でPINの入力など、設定してあるロック解除の操作を行います。

3 ロック解除延長の項目が表示されます。［信頼できる場所］をタップします。

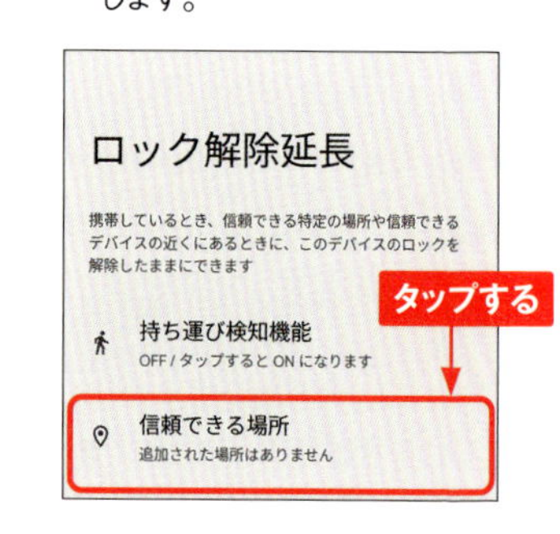

MEMO **Smart Lockに指定できるそのほかの条件**

手順3の画面で、［信頼できるデバイス］をタップすると、デバイスの持ち運び中や、指定したBluetooth機器が近くにある場合に、ロックを解除できるように設定できます。

4 ［信頼できる場所を追加］をタップします。自宅の場所を設定している場合（Sec.095参照）は、自宅を選択することができます。

5 検索ボックスに住所を入力するか、地図をドラッグして場所を指定し、［この場所を選択］→［OK］の順にタップします。

TIPS サイレントモードなどの設定を自動的に切り替える

「ルール」は、位置情報と登録してあるWi-Fiスポットの情報を利用して、サイレントモード（Sec.126参照）や着信音の設定を自動的に切り替える機能です。たとえば、職場では常に通知をブロックしたり、音を鳴らさないようにすることができます。「設定」アプリ→［システム］→［ルール］で設定、追加することができます。

ルールの追加
＋ Wi-Fi ネットワークまたは場所を追加
以下の設定を行う
○ サイレント モードを ON にする
○ デバイスをサイレントに設定
○ デバイスをバイブレーションに設定
○ デバイスの着信音が鳴るように設定
☑ ルールが有効になったら通知を送信
キャンセル　追加

ユーザー補助機能メニューを使う

ユーザー補助機能メニューは、主要な機能を使いやすくまとめたランチャーです。クイック設定やGoogleアシスタントなどをワンタップで開くことができます。

ユーザー補助機能メニューを利用する

1 P.179で設定したユーザー機能補助ボタンをタップします。

2 ユーザー補助機能メニューが表示されます。ショートカットをタップすることで、各機能を利用できます。

ショートカット	機能
(Googleアシスタント)	Googleアシスタントを起動する
(ユーザー補助)	「設定」アプリの「ユーザー補助」画面を表示する
(電源)	電源メニューを表示する
(音量を下げる)	音量を下げる
(音量を上げる)	音量を上げる
(最近使ったアプリ)	アプリの履歴を表示する（Sec.013参照）

ショートカット	機能
(明るさを下げる)	画面を暗くする
(明るさを上げる)	画面を明るくする
(画面をロック)	スリープモードにする
(クイック設定)	クイック設定を表示する（Sec.007参照）
(通知)	通知パネルを表示する（P.15参照）
(スクリーンショット)	スクリーンショットを撮影する

ユーザー補助機能メニューをオンにする

1 「設定」アプリを起動し、[ユーザー補助]をタップします。

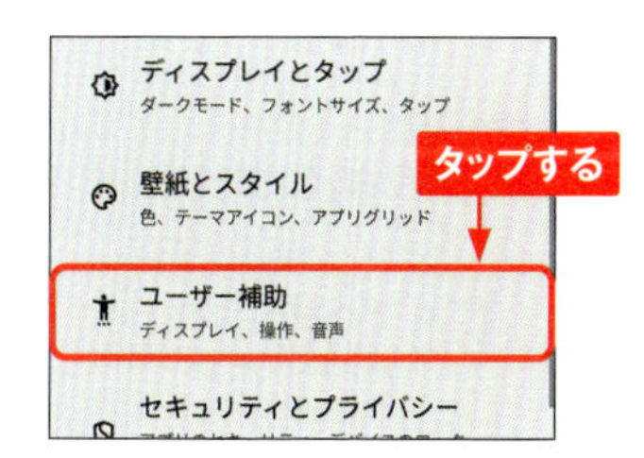

2 [ユーザー補助機能メニュー]をタップします。

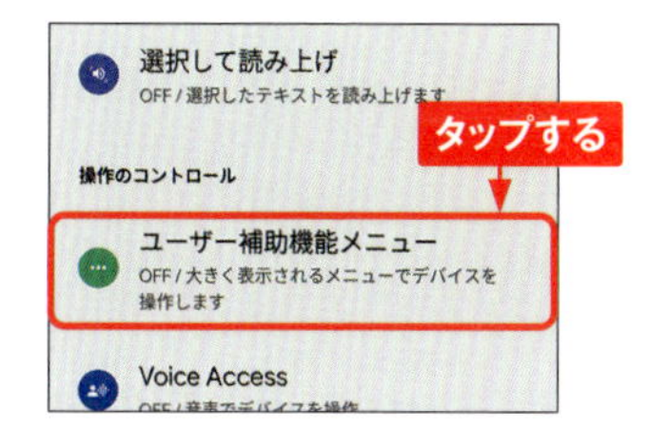

3 [ユーザー補助機能メニューのショートカット]をタップします。

4 [許可]をタップします。

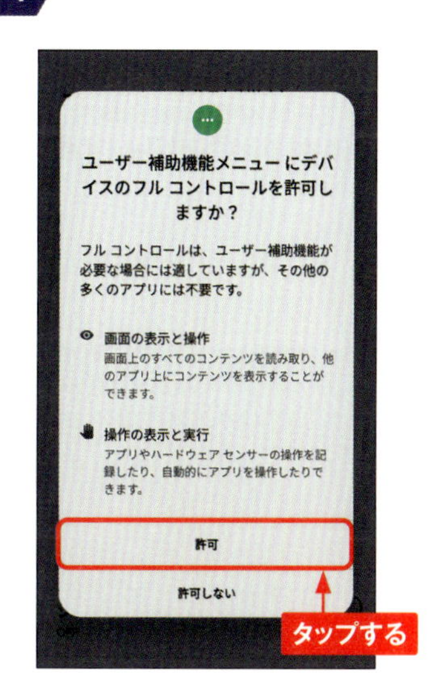

5 [ユーザー補助機能ボタン]をタップして←をタップすると、ユーザー補助機能メニューがオンになります。

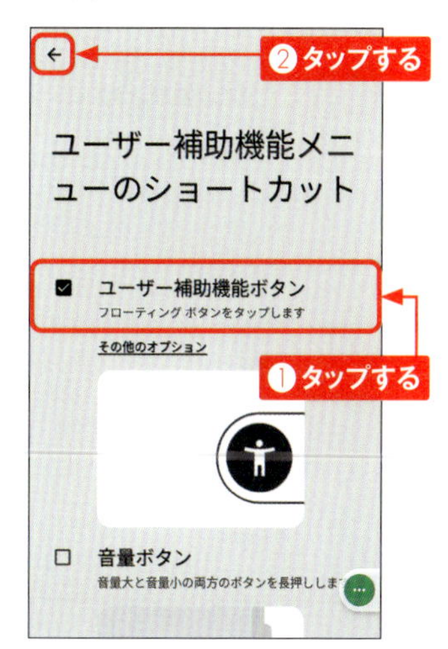

5

Section 141

OS • Hardware

以前のスマートフォンのデータをコピーする

これまで使っていたAndroidスマートフォンのデータを、Wi-FiでPixel 9にコピーします。移行可能なデータはアプリ、写真と動画、デバイス設定、通話履歴、連絡先などです。

1 デバイス購入後または初期化（Sec.146参照）後の初期設定画面で、［始める］をタップします。

2 ［Google PixelまたはAndroidデバイス］をタップします。

3 QRコードが表示されるので、移行元のスマートフォンのカメラで読み取ります。移行元のスマートフォンで［続行］をタップします。

4 移行元のスマートフォンが接続しているWi-Fiに接続されて、アカウント情報が確認されます。

5 Googleアカウントのパスワードを入力し、［次へ］をタップします。

6 ロック解除の設定を行います（Sec.138、139参照）。スキップして後から設定することもできます。

7 ［次へ］をタップして進みます。

8 データのコピー方法を選択して［コピー］をタップするとデータのコピーが始まり、続けてGoogleサービス利用の確認が行われます。

9 ［完了］をタップします。ホーム画面が表示され、Playストアからアプリがインストールされます。

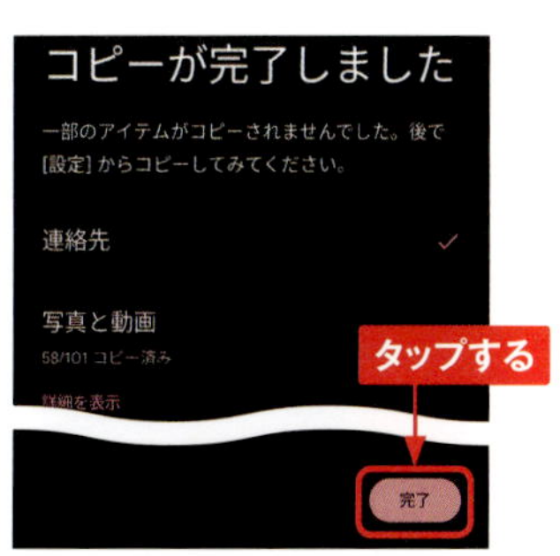

TIPS セットアップ後に以前のデータをコピーする

手順8の画面で［後で行う］→［後で行う］の順にタップすると、セットアップ後に「設定」アプリから以前のデータをコピーできます。「設定」アプリで［データのバックアップまたはコピー］→［データのコピー］→［開始］の順にタップします。

Section 142

紛失したデバイスを探す

「デバイスを探す」アプリ

Pixel 9を紛失してしまっても、「設定」アプリで「デバイスを探す」機能をオンにしておくと、Pixel 9がある場所をほかのスマートフォンやパソコンからリモートで確認できます。この機能を利用するには、あらかじめ「位置情報を使用」を有効にしておきます（Sec.096参照）。

「デバイスを探す」機能をオンにする

1 「設定」アプリを起動し、［Google］をタップします。

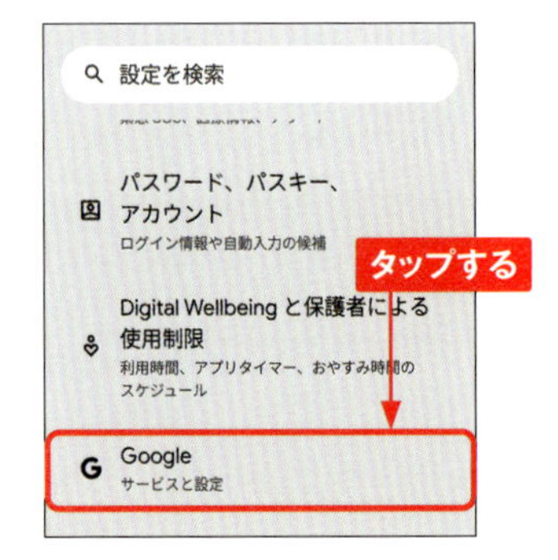

2 ［デバイスを探す］をタップします。

3 ［OFF］になっている場合はタップしてオンにします。

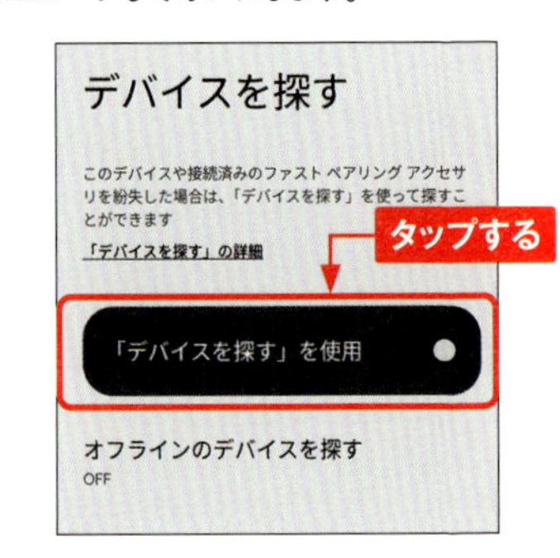

TIPS オフラインのデバイスを探す

手順3の画面で［オフラインのデバイスを探す］をタップして［OFF］［ネットワークを使用しない］以外に設定すると、Pixel 9が「デバイスを探す」ネットワークに参加し、自身や周囲のデバイスの位置情報をネットワークに送信するようになります。「デバイスを探す」の精度を上げるため、なるべく参加する設定にしましょう。

Androidスマートフォンから Pixel 9を探す

1 ほかのAndroidスマートフォンで、「デバイスを探す」アプリをインストールして起動します。[ゲストとしてログイン]をタップします。なお、同じGoogleアカウントを使用している場合は［～で続行］をタップします。

2 紛失したPixelのGoogleアカウントでログインします。

3 デバイスへのアクセスを許可すると、地図が表示され、Pixel 9の現在位置が表示されます。画面下部のメニューから、音を鳴らしたり、ロックをかけたり、データを初期化したりすることもできます。

TIPS 盗難保護

画面ロックを解除した状態でPixel 9を盗まれたとき、自動的にロックがかかるように設定することができます。「設定」アプリで[Google]→[すべてのサービス]→[盗難保護]の順にタップし、[盗難検出ロック]と[オフラインデバイスのロック]をタップしてオンにします。

MEMO アクセサリを探す

「デバイスを探す」機能では、Androidスマートフォンだけでなく、Bluetoothでペアリングしたヘッドホンやトラッカーなどのアクセサリも探すことができます。ただし、探せるのはAndroidの「デバイスを探す」機能に対応している機器に限られます。

パソコンやiPhoneからPixel 9を探す

1 パソコンやiPhoneのWebブラウザで、Googleアカウントのページ（https://myaccount.google.com）にアクセスし、紛失したPixelのGoogleアカウントでログインします。

2 ［セキュリティ］をクリックし、［紛失したデバイスを探す］をクリックします。

3 紛失したデバイスをクリックします。

4 地図が表示され、Pixelの現在位置が表示されます。画面左部のメニューから、着信音を鳴らしたり、ロックをかけたり、データを初期化したりすることもできます。

Section 143

「設定」アプリ

プライベートスペース機能を利用する

プライベートスペース機能では、通常の利用環境（メインスペース）とは完全に隔離されたプライベートな環境を作成して利用できます。利用には画面ロックの設定が必要で、スペース内にアクセスするために別のGoogleアカウントや画面ロックを設定できます。

1 「設定」アプリを起動し、［セキュリティとプライバシー］→［プライベートスペース］の順にタップし、画面ロックを解除します。

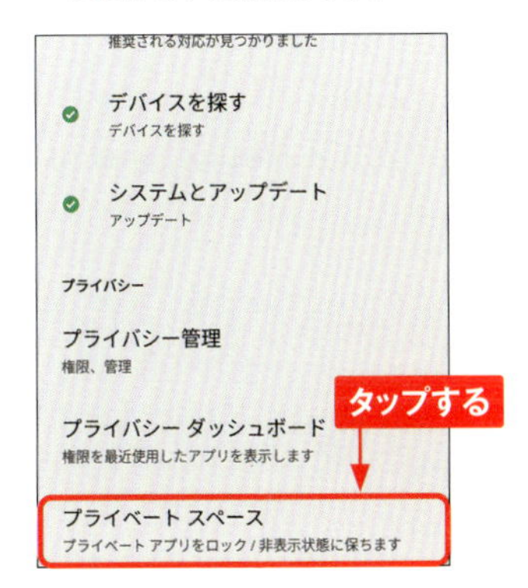

2 初回は［設定］をタップして画面の指示に従ってプライベートスペースの設定を完了します。

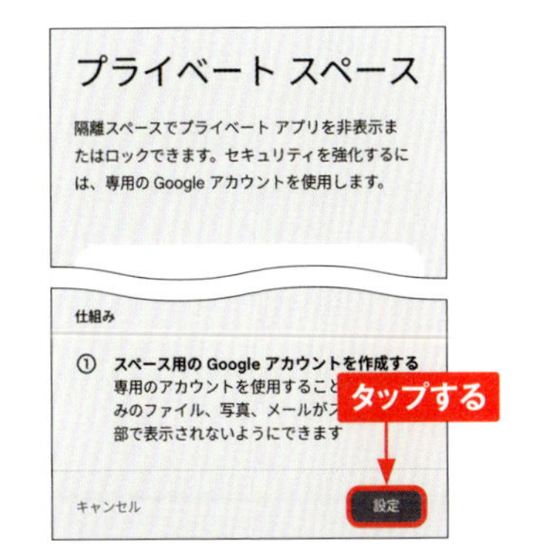

3 すべてのアプリ画面の最下部に表示される［プライベート］をタップし、画面ロックを解除します。

4 プライベートスペースが表示されます。［インストール］をタップ、またはアプリを長押しし［非公開インストール］→［インストール］の順にタップすると、格納するアプリをPlayストアから個別にインストールできます。

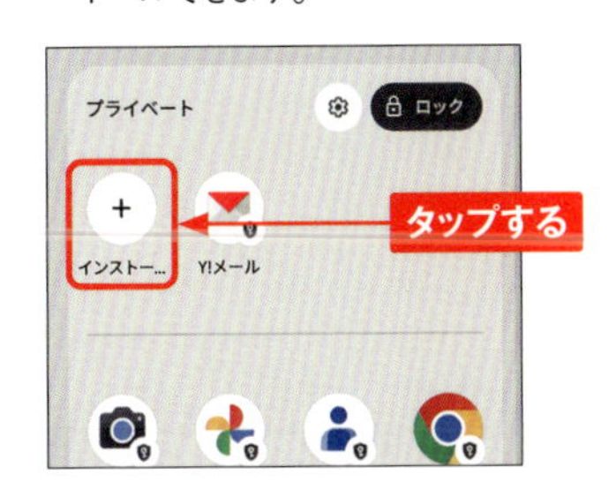

5

アプリをアーカイブする

「設定」アプリ

使用頻度が低いアプリは、アーカイブすることで、デバイスのストレージ容量を増やすことができます。キャッシュなどのデータは削除されますが、個人データは保持されるので、再インストール後も以前の設定や環境のまま利用を開始できます。なお、アーカイブできないアプリもあります。

1 「設定」アプリを起動し、[アプリ]をタップします。

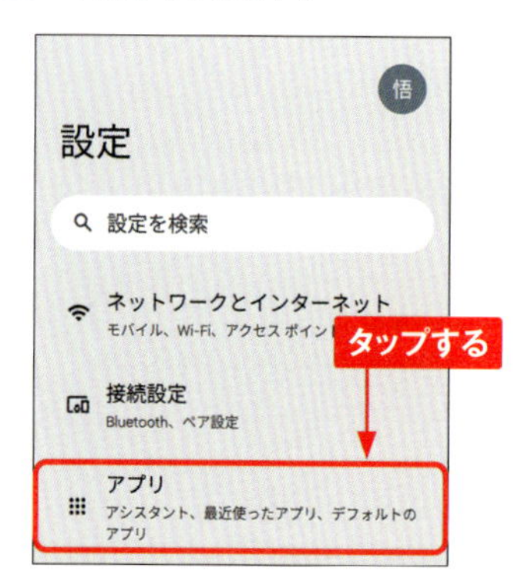

2 [○個のアプリをすべて表示] をタップし、任意のアプリをタップします。

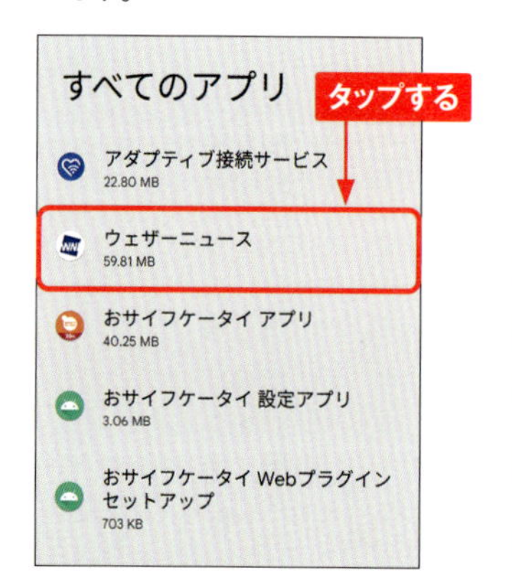

3 [アーカイブ] をタップすると、アプリがアーカイブされます。

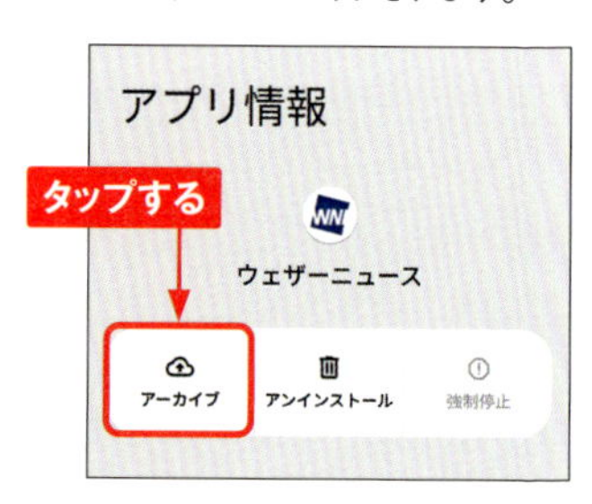

MEMO アプリを復元する

アーカイブしたアプリを再インストールするには、手順3の画面で[復元] をタップ、またはすべてのアプリ画面にあるアプリアイコンをタップすると、再インストールされます。

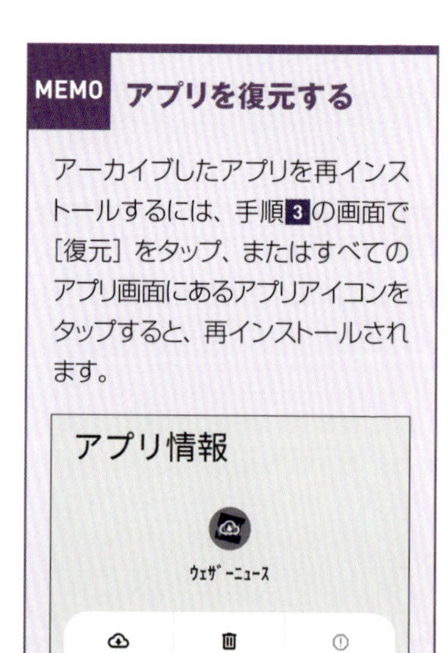

Section 145

Pixelをアップデートする

「設定」アプリ

Pixel 9をアップデートして、常に最新の状態で使いましょう。Androidには、年1回秋にバージョンアップグレードが、月1回程度でセキュリティアップデートが配信されます。インストール済みアプリや、Google Playシステムアップデートは、随時アップデートが配信されます。

システムをアップデートする

1 「設定」アプリを起動し、［セキュリティとプライバシー］をタップします。

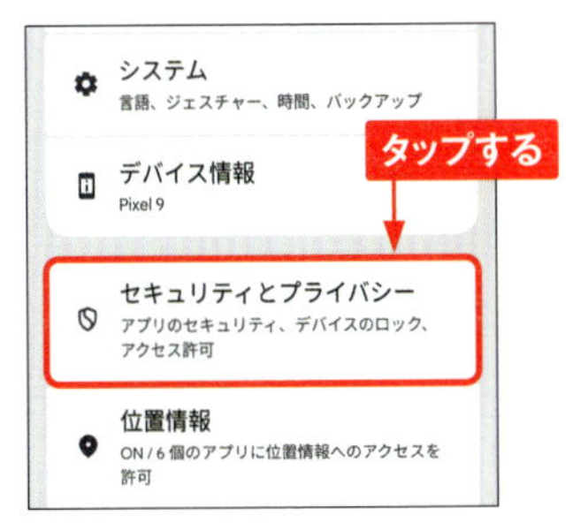

2 ［システムとアップデート］→［セキュリティアップデート］の順にタップします。

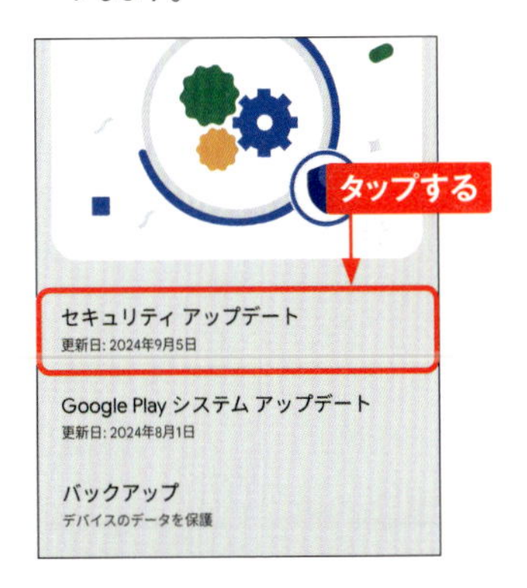

3 ［アップデートを確認］をタップします。アップデートがある場合は、ダウンロードとインストールが行われます。インストールが終わったら［今すぐ再起動］をタップします。

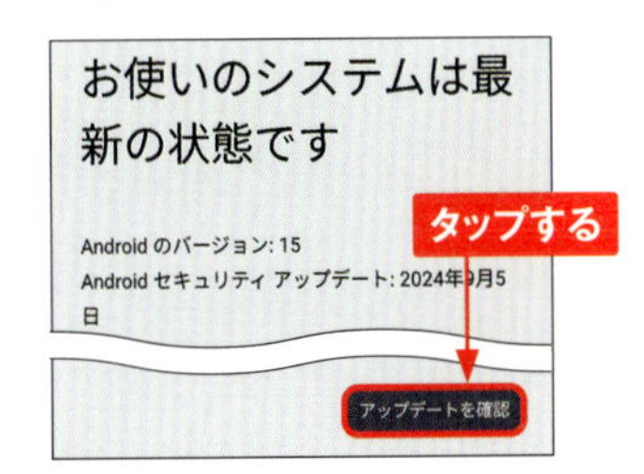

MEMO Google Play システムアップデート

「Google Playシステムアップデート」は、アプリやネットワークに関する新機能やバグ修正を提供するアップデートで、デバイスの再起動などのタイミングで自動アップデートされます。また、手順2の画面で［Google Playシステムアップデート］をタップして［アップデートを確認］をタップすると、手動アップデートも可能です。

アプリをアップデートする

1 「Playストア」アプリを起動し、画面右上のプロフィールアイコン→［アプリとデバイスの管理］の順にタップします。

2 「アップデート利用可能」の［詳細を表示］をタップします。

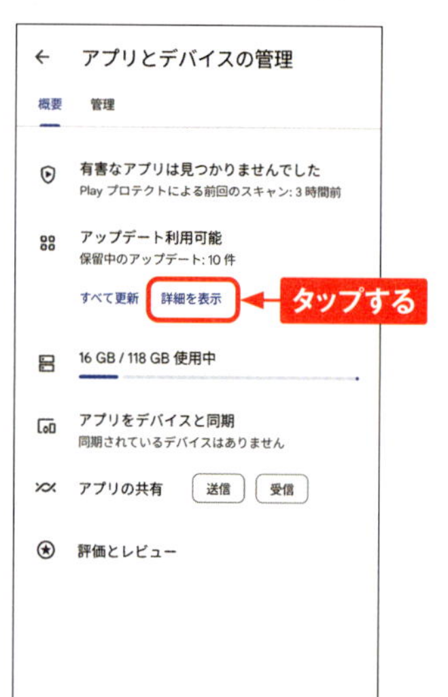

3 アップデート可能なアプリが表示されるので、［すべて更新］をタップします。アップデートするアプリを選んで［更新］をタップすることもできます。

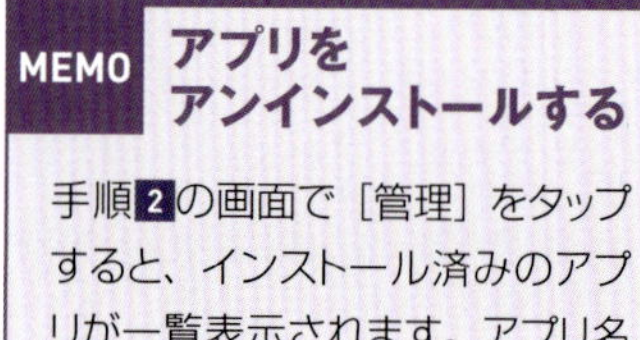

MEMO アプリをアンインストールする

手順2の画面で［管理］をタップすると、インストール済みのアプリが一覧表示されます。アプリ名の右のチェックボックスをタップしてチェックを付け、右上の🗑→［アンインストール］の順にタップすると、アプリがアンインストールされます。

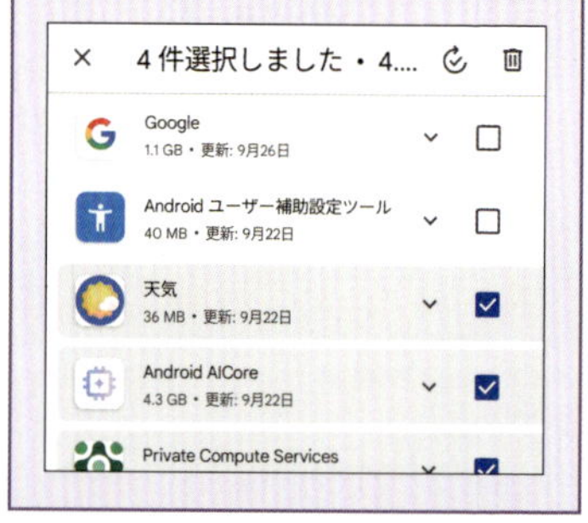

Section 146

Pixelを初期化する

「設定」アプリ

Pixel 9の動作が不安定だったり、アプリの設定を消去したかったりするときは、Pixel 9を初期化しましょう。ネットワーク設定のリセットや、アプリの設定のみのリセットを行うこともできます。

1 「設定」アプリを起動し、[システム]をタップします。

2 [リセットオプション]をタップします。

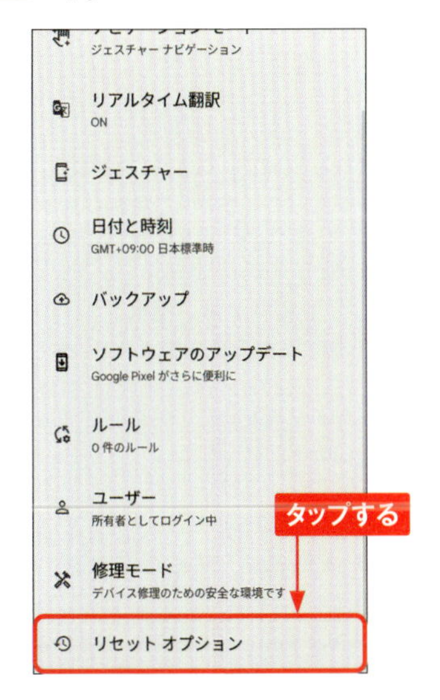

3 [すべてのデータを消去(初期設定にリセット)]をタップします。

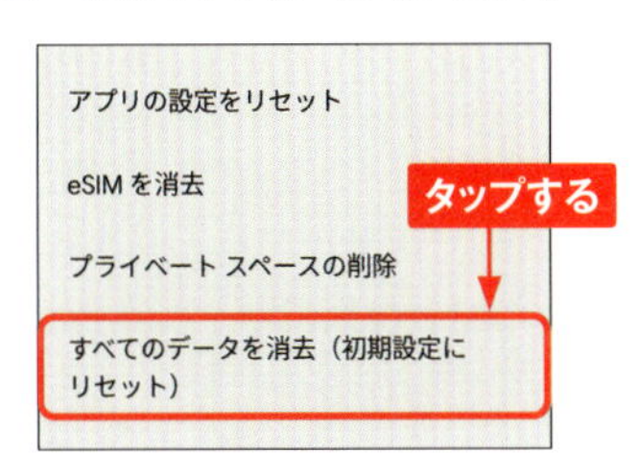

4 [すべてのデータを消去]→[すべてのデータを消去]の順にタップします。

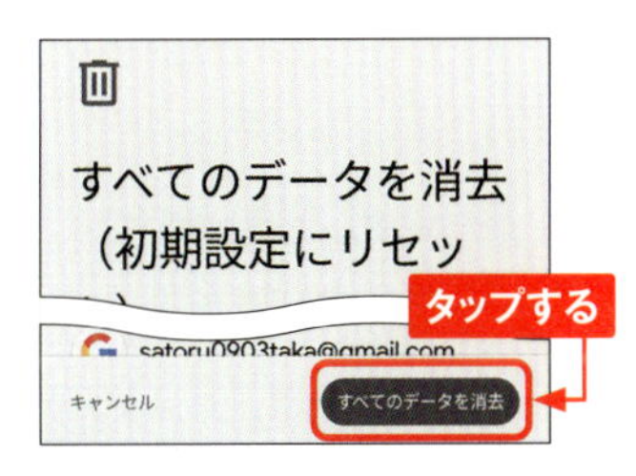

TIPS そのほかのリセット

手順3の画面で[BluetoothとWi-Fiのリセット]をタップするとネットワーク設定を、[アプリの設定をリセット]をタップするとアプリの設定をリセットできます。

5

Section 147

今後追加予定のAI機能

Pixel 9は2024年8月に発売されましたが、目玉となるAI機能などの追加は、日本では未対応であったり本書発売後に追加される可能性があったりするものがあります。ここでは執筆時点で明らかになっている新機能について紹介します。

Call Note

「Call Note」は、電話音声の録音と書き起こしがセットになった機能です。通話内容の文字起こしや録音をして、データをもとに内容の要約、検索、再利用などができます。本書執筆時点では、英語圏のみの提供となっています。

Pixel Screenshot

「Pixel Screenshot」は、AIがスクリーンショットを解析し、画像内の情報の管理や整理に役立てられる機能です。スクリーンショットを撮影すると、画像内の文章やWebページのアドレス、電話番号などの情報が解析され、自動的に整理されることにより、迅速に検索し、必要な情報を得られます。Pixel 9に内蔵された「Gemini Nano」によって処理されるので、プライベートな画像であってもクラウドに保存されることなく利用可能です。本書執筆時点では、「Galaxy」や「Razr」などへの搭載が進んでおり、英語圏のみの提供となっています。

5

Pixel Studio

「Pixel Studio」アプリは、Geminiを利用したAI画像生成ツールです。プロンプトを入力すると、内容に沿った高品質な画像がすばやく生成されます。また、編集機能も充実しており、生成した画像や既存の写真に説明やステッカーを追加したり、スタイルを変更したりといった編集を施すことができます。本書執筆時点では、英語圏のみの提供となっており、人物画像生成機能や人物が写っている既存の画像を編集する機能は搭載されていません。

レコーダー

「レコーダー」アプリでは、文字起こしした録音の要約を作成できます。大規模言語モデルの「Gemini Nano」を搭載しており、AIによる音声要約機能を活用可能です。本書執筆時点では、英語で文字起こしされた文章の要約に対応しています。

索引

数字・アルファベット

ひらがな

カタカナ

お問い合わせについて

本書に関するご質問については、本書に記載されている内容に関するもののみとさせていただきます。本書の内容と関係のないご質問につきましては、一切お答えできませんので、あらかじめご了承ください。また、電話でのご質問は受け付けておりませんので、必ずFAXか書面にて下記までお送りください。
なお、ご質問の際には、必ず以下の項目を明記していただきますようお願いいたします。

1 お名前
2 返信先の住所またはFAX番号
3 書名
（ゼロからはじめる　Google Pixel 9／9 Pro／9 Pro XL　スマートガイド）
4 本書の該当ページ
5 ご使用のソフトウェアのバージョン
6 ご質問内容

なお、お送りいただいたご質問には、できる限り迅速にお答えできるよう努力いたしておりますが、場合によってはお答えするまでに時間がかかることがあります。また、回答の期日をご指定なさっても、ご希望にお応えできるとは限りません。あらかじめご了承くださいますよう、お願いいたします。ご質問の際に記載いただきました個人情報は、回答後速やかに破棄させていただきます。

■ **お問い合わせの例**

FAX

1 お名前
技術　太郎

2 返信先の住所またはFAX番号
03-XXXX-XXXX

3 書名
ゼロからはじめる
Google Pixel 9／9 Pro／
9 Pro XLスマートガイド

4 本書の該当ページ
66ページ

5 ご使用のソフトウェアのバージョン
Android 15

6 ご質問内容
手順3の画面が表示されない

お問い合わせ先

〒162-0846
東京都新宿区市谷左内町 21-13
株式会社技術評論社　書籍編集部
「ゼロからはじめる Google Pixel 9／9 Pro／9 Pro XL スマートガイド」質問係
FAX番号　03-3513-6167
URL：https://book.gihyo.jp/116

ゼロからはじめる Google Pixel 9／9 Pro／9 Pro XL スマートガイド

2024年12月17日　初版　第1刷発行

著者 …… 技術評論社編集部
発行者 …… 片岡　巌
発行所 …… 株式会社　技術評論社
東京都新宿区市谷左内町 21-13
電話 …… 03-3513-6150　販売促進部
03-3513-6160　書籍編集部
装丁 …… 菊池　祐（ライラック）
本文デザイン …… リンクアップ
DTP …… リンクアップ
編集 …… リンクアップ
担当 …… 青木　宏治
製本／印刷 …… TOPPANクロレ株式会社

定価はカバーに表示してあります。
落丁・乱丁がございましたら、弊社販売促進部までお送りください。交換いたします。

ISBN978-4-297-14634-4 C3055
Printed in Japan